物理世界访问记

1

管寿沧 ◎ 编著

电子工业出版社
Publishing House of Electronics Industry
北京 • BEIJING

图书在版编目（CIP）数据

物理世界访问记．1 / 管寿沧编著．-- 北京：电子
工业出版社，2024．8．-- ISBN 978-7-121-48333-2

Ⅰ．O4-49

中国国家版本馆 CIP 数据核字第 2024NK9507 号

责任编辑：孙清先

印　　刷：河北迅捷佳彩印刷有限公司

装　　订：河北迅捷佳彩印刷有限公司

出版发行：电子工业出版社

　　　　　北京市海淀区万寿路 173 信箱　　邮编：100036

开　　本：720×1000　　1/16　　印张：7.75　　字数：198 千字

版　　次：2024 年 8 月第 1 版

印　　次：2024 年 8 月第 1 次印刷

定　　价：39.80 元

凡所购买电子工业出版社图书有缺损问题，请向购买书店调换。若书店售缺，请与本社发行部联系，联系及邮购电话：（010）88254888，88258888。

质量投诉请发邮件至 zlts@phei.com.cn，盗版侵权举报请发邮件至 dbqq@phei.com.cn。

本书咨询联系方式：（010）88254509，Monkey-sun@phei.com.cn。

序

他对我说，这本书稿写完了，想让我写序。

我没有回答他，我想先好好地读一读他写的文稿，再说。

这段时间，我仔细、反复地阅读了这本书的书稿，觉得书稿还是有点意思的，有些地方还有点儿看头。我把书稿中的有些内容断断续续地读给我的小外孙听，我发现他很爱听书稿中人物的故事。他听的时候，不但获得了不少知识，还常常会提出一些有意思的问题。

读着，讲着，问着，答着……

我的脑海中陆陆续续地涌现出一段段的文字，大致整理一下，写在下面，作为序。

这本书稿讲述了在100年后，师生三人乘坐一架时间机器去采访物理世界三十几位主创人员的经历。

读一读这本书的文字，可以把你载到你无法到达的过去，让你大致了解一些物理学家的工作成就与人生经历；可以让你畅想一下，在他们生活的那个时代，他们在想什么，又在做什么。这也许会让你看到别样的人生与丰富的世界，也可能会让你看到一条路，让你走到更远的地方。

在反复阅读这些文字后，我仿佛看到这个世界像是一座偌大的山林，这里丛林密布，林木幽深；山峦重叠，峰岭逶迤。采访的文字像是林中流过的溪水、山间飘过的白云。流过、飘过，却不会留下什么痕迹，更说不上会结出什么果实，但它们却在无意间，滋润了大地，美化了天空。

这些文字流到丛林的远处，林中一定会萌发出许多新芽；

这些文字飘到山峰的顶上，天空一定会呈现更多的色彩。

2023 年 12 月 23 日

前 言

本书说的是师生三人乘坐一架"能回到过去的时间机器"，飞到过去的物理世界，有目的地探访物理世界里的顶级人物。

参与这次活动的有P、H、W三个人，他们是22世纪中国某所高校的师生，三个人的情况大致如下：

P学生，非常热爱物理学，善于思考，喜欢提问，对物理学家的访问是以他的提问而展开的。

H学生，对物理学的历史有着较为深入的了解，对每位被访问者的情况也有较深入的了解，因此，他总会在访问前，对被访问者进行介绍。

W教授，具有几十年物理教学的经验，了解物理学的历史，熟谙物理学的基础知识。他会对每次访问后的情况进行补充或归纳，并分享一些个人看法。

他们乘坐的交通工具是一架斯托库姆时间机器（简称F机），是一架造型奇特的时间机器。它在一维的时间中飞行，每小时可向过去飞行约一个世纪。F机内还铺设了一套设备，利用已建立的地球互联网，能够与过去在地球上出现过的人及相关机构发生联系，传递信息，确定访问他们的内容、时间与地点。

我们为什么称这个机器为F机呢？

1937 年，荷兰物理学家斯托库姆发现了爱因斯坦方程的一个解，它可以实现从现在到过去的时间旅行。1949 年，美国籍奥地利裔数理逻辑学家哥德尔发现了一个更奇怪的爱因斯坦方程解，证实了斯托库姆的看法，并指出若一位旅行者拥有一架 F 机，就可以在时间中旅行，与这个世界里已经逝去的人与事相遇。

到了 22 世纪，宇宙中某星球上的公司，专门制造 F 机。

书中的三位访问者使用地球互联网，从这个公司租赁到一架 F 机，专门乘坐它回到过去，对 20 世纪之前主要的科学家，尤其是物理学家进行访问。他们计划用一年的时间完成这项任务。

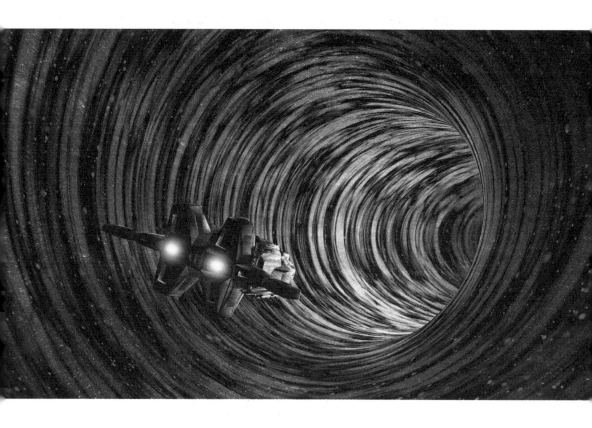

在人类文明的天幕上，物理学的星空分外耀眼，这里的星辰不仅在那个时代熠熠生辉，更为后来人指引了方向。这些耀眼的星辰就是我们要访问的对象，他们以非凡的勇气和智慧，推动了科学的发展，带来了今天的人类文明。

　　如果你能读到这本书，书中的文字会让你仿佛也参与了这次旷世未闻的访谈，见到发现这个世界运行规律的主要物理学家，聆听他们讲述自己创业的故事。阅读书中的内容，可以让你从科学、历史、社会等方面大致了解他们发现这个世界运行规律的过程和他们的主要成就，也可以让你从科学家的行为和思想中领悟他们的生命价值，还可以让你领悟到他们不断攀登和积极进取的精神世界，看到人类智力活动的升华过程。这些闪光的东西，也许就会激发你对这个世界的兴趣，从而引导你走进这个世界，走向思维深处，对这个世界进行更认真的思考。

2023 年 10 月 23 日

目　录

中国 "科圣"

- 采访对象：墨子
- 采访时间：前 411 年秋
- 采访地点：宋国睢（sui）阳附近某农家院落

2123 年 10 月，北京的秋天真美，天朗云轻，菊花黄，枫叶红。

我们三人从北京大兴国际机场登上 F 机，正式开始了这次漫长的采访活动。采访的第一站是中国的商丘，空间距离不到 700 千米，但时间间隔却是最长的，要向过去飞行约 25 个小时。

登机后不久，H 学生就对这次采访的对象做了简单介绍。

他说：

"我们这次采访的对象是我国古代的一位科学家，他叫墨翟，别名墨子，出生于春秋末期战国初期的宋国国都睢阳，今天的河南商丘，也就是我们这次的采访地。

"有文献称，墨子的先祖是殷商王室，是宋国贵族目夷（宋国君主宋襄公的大司马）的后裔，《史记·孟子荀卿列传》中有'盖墨翟，宋之大夫'的记载，后由贵族降为平民。墨子拥有相当水平的文化知识，同时还是接近农民与小生产者的士人。他说'上无君上之事，下无耕农之难'，意思是说既没有国君授予的职事，也没有耕种的艰难，因此，他决心去拜访天下名师，学习治国之

道，恢复先祖荣光。

"墨子穿着草鞋，步行天下，到各地游学。有种说法是'孔子锅灶烧不黑，墨子板凳坐不暖'。意思是说孔子周游列国，每到一处，吃百家饭，但往往是饭还没有做好，就匆匆到别处去了，以至于'锅灶烧不黑'。墨子也是一样，他经常往来于宋国、鲁国、齐国、魏国、楚国等很多地方，也同样是'板凳坐不暖'。墨子开始时师从儒家，学习儒学典籍，后认为儒学过于繁文缛节，讲授的内容是些不合时宜、华而不实的废话，于是决心要建立自己的理论体系。

"墨子聪慧好学，智力过人，注重节俭，劳身苦志，吃'藜藿（lí huò）之羹'，穿'短褐之衣'。他刻苦学习，勤于思考，提出了自己的看法，逐渐形成了一套较为完整的思想体系，并以此创立了墨家学派。

"他在各地讲学时，曾以激烈的言辞抨击儒家和各诸侯国的暴政。因此，大批手工业者和下等士人开始追随墨子，成了儒家主要的反对派。他广收弟子，积极宣传自己的学说，逐渐形成了一个具有严密组织的社会团体。他们穿着粗布草鞋，参加各种劳动，以吃苦为荣。他们善良友爱，常怀一颗侠义之心，崇尚'万事莫贵于义'，把正义当作他们追求的最高目标。凡遇弱国遭难，他们就前往救助，赴汤蹈火，死不旋踵（比喻不畏艰险，哪怕是死也不会旋转脚跟后退）。他们摩顶放踵（意思是从头顶到脚跟都擦伤了，形容不辞辛劳），利天下而为之，提倡'兼相爱，交相利'，体现了崇高、完美的人格。他们显赫一时，在先秦诸子中，可与儒家抗衡，但自汉之后，墨学衰微，人们对它的研究和了解也就越来越少了。"

经过漫长的旅途，我们终于到达了目的地。

墨子铭牌

从 F 机上下来，只见蓝天下，绿野上，炊烟袅袅，林菁野气香，好一派田园风光。

我们出舱不一会儿，就见从远处走过来一位老者，只见他神采奕奕，步履矫健，频频向我们招手。走到近处，他便毫无拘谨地做了自我介绍，说他就是墨翟，并与我们谈起来。他侃侃而谈，博学多才，见多识广，通达朝野事理，知晓自然变化，有修养，有气质，举止温文尔雅，神情刚毅坚定。

通过交谈，我们也就马上熟络了起来，他领着我们边走边说，把我们引进了一个院落。这儿有茅屋数间，四周修竹合围，门前一径在竹林中蜿蜒，望不到尽头。

进入一间茅屋，屋里有桌椅、茶具等陈设，采访就在这里开始了。

P 学生先说道："尊敬的墨子前辈，能与你交谈，我们非常兴奋，这也是我们的荣幸。我们很想听一听你在科技方面所做的工作，尤其是你在研究物体的运动变化方面获得的成就。"

墨子说："好的，前些日子我就接到了你们要来采访的消息，我很激动，两千多年后的华夏子孙，还能记得我，还在研究我的学说，这让我太高兴了。下面，我就你们的提问做些介绍。

"我先说一下我对大千世界的看法。

"这无始无终、无边无际、由大及小、由远及近的全部，我把

它称之为'久宇'。它是日月星辰、天地万物的全部。'久宇'是一个连续且统一的整体,其中的个体与局部都是从这个整体分割出来的,也都是这个统一整体的组成部分。

"我把'久宇'两个字分开,分别用它来表示时间与空间。

"久者,合古今旦莫,就是时间。

"'久'包括白天、黑夜,过去、现在,从古至今,以至未来,'久'是无限的,但一个物体运动的过程、一个人或一件事经历的过程,所占的时间又是有限的。因此,'久'这个概念有'有限'和'无限'之分,同时又是'有限'和'无限'的统一。

"我还提出了'有久'和'无久'的概念:'有久',是指一段时间,比如,一天、一个月、一年等;'无久',就是指某个时刻,比如,申时末、寅时起等。正是因为引入了这些概念,才可以对一个物体的运动过程及变化情况进行描述与分析。

"'宇',就是'东西家南北',也就是空间。

"'宇'是遍及东、南、西、北的一切不同的地方和所有不同场所的总称。这里的'家'就是中心,就是把自己所在的家,当作是四个方向的中心。

"另外,我还提出了'宇'中的万物,均是由'端'组成的。什么是'端'呢?就是组成实体物件的一种体积极小、不再有内部间隙、不能再分的微粒。更确切地说,'端'就是'非半不斫(zhuó)则不动',就是分割一物直到分到没有所谓半个(非半)的,不能再被砍开,不能再分之物。大量的端可串成线,大量的线可排成面,大量的面可摆成体。按我提出的这种看法,万物都是始于'有',小至'端'。

　　"比我年长约百岁的老子先生，是一位很有学问的人，他提出了万物都是生于'无'的思想。他说，'天下万物生于有，而有生于无'。我提出了'端'组成了万物，'端'是原来就有的，它是万物之源，因此，万物是始于'有'，而不是始于'无'。

　　"'无'有两种，一种是过去有过，而现在没有了，比如，某种已灭绝的飞禽，这就不能因其现在没有就认为无；另一种是从来就没有出现过的事物，比如，太阳从西方升起这件事，这是本来就不存在的'无'。本来就存在的，后来不存在了，显然不是'有'生于'无'；本来就不存在的'无'，更不会生成'有'。由此可见，'有'是真实的存在，而不会生于'无'。

　　"我对物质属性也有自己的看法。比如，如果世界上不存在石头，就不会有人知道石头的硬度与颜色；没有日与火，就不会有人知道热。也就是说，属性是不会脱离于物而单独存在的，属性是物的反映。人之所以能感知到物之属性，都是由于物本身存在的缘故。没有物的存在，就无法得知此物的属性。

　　"下面我再来说说什么是运动。

　　"知道什么是'久'和'宇'，我们就可以讨论物体的运动了。一切物体的运动都处在'久'和'宇'之中。

　　"'动'，域徙也，意思就是指空间的改变；'止'，以久也，意思就是指物在某个空间待着不动。某一个物体的运动表现就是时间的先后差异和空间中的位置迁移。没有时间的先后和位置的远近变化，也就没有运动。

　　"物之移动，有快慢之分，或移动得快，或移动得慢，且与时间和空间不可分割。物体在空间中的位置移动，就是空间随着时

间持续变化的过程，也是离开原有的空间占有新空间的过程。

"比如，一物早上占有南方的空间，向北移动，到了晚上，就占有了北方的空间。从空间上看，是由南至北；从时间上讲，是由朝至暮。所以时间的流逝和空间的变迁是紧密地结合在一起的。只要物体在空间上发生了位移，必定会对应一定的时间间隔。空间与时间是统一于物体的运动之中，并与物体的运动密切相关的。

"说了物体运动，我们再来谈谈物体运动的变化。

"为了说明为什么物体的运动会发生变化，我提出了'力'的概念。

"什么是力？'力'，刑之所以奋也。这里的'刑'同'形'，就是指物体；所谓'奋'，就是与原来的状态不一样，有了变动，这种变动是指物体从静到动，即动之愈速；或由动到静，即动之愈缓。这些都是由于力的作用，是力改变了物体的运动状态，力是物体运动变化的原因。

"一个运动的物体为什么会停下来，是因为受到了阻力，运动着的物体如果没有受到阻力，是不会停下来的，如果运动的物体能克服阻力，它的运动就不会停止。我还把'力'与'重'联系起来。物之所以重，是受到一种向下的力，这就是物都会竖直下落运动的原因。

"我们还进行了建筑中横梁受力、砖石材料的受力分析及多个力作用的平衡实验。我们制作了一种汲水用的工具，叫作桔槔，就是在水边支起一横杆，一端系提水的桶，另一端坠一重物，一起一落而汲水。通过桔槔的制作与使用，我得到了这类杠杆平衡的原理。"

墨子端起了桌上的茶杯，喝了一口水。

此时，P 学生兴奋地说道："墨子先生提到了力这一概念，虽然没有严格精确的表述，但意思与两千年后牛顿给出的定义是一样的。他还提到了运动的物体，如果不受到阻力，就会永远运动下去，这一看法比晚约百年的古希腊大学者亚里士多德提出的看法要高明得多。先生的这

桔槔井灌

一看法，实际上与九百年后的伽利略提出的惯性定律相差无几。至于杠杆平衡原理，相比古希腊的阿基米德提出这个原理的时间，要早了将近二百年。"

接着，墨子又开始了他的讲解。他说："我们还将运动分为平动和转动，如果一个物体上各点的运动状态都一样，这就是平动；一扇门，除了转轴，其他部分都在运动，这就是转动。滚动，则是平动和转动的结合。

"我还研究了圆球的运动，一个圆球在一个光滑水平面上，对其施力只能使其滚动，而不可能倾斜，这是因为它的直径总是位于圆球与平面接触点的铅垂线上。我们对斜面也进行了研究，知道了斜面在工程中的多种应用。比如，如何把一个很重的物件提到高处？用斜面和轮轴就可以做到，我们在施工中也是这么做的，

这是我们在施工中经常使用的工具。

"我与我的弟子还成功地利用了小孔成像实验，证明了光是沿直线传播的。实验过程是这样的，让光线射到一个人的身上，人就成为一个发光体，发出的光线将通过身后墙上的一个小孔，射到了小孔后的墙壁上，就可以看到一个倒立的人影。（注：下图用树木表示人体）

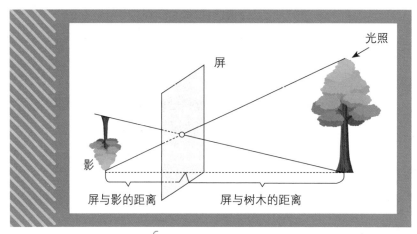

小孔成像原理示意图

"为什么会是倒立的人影呢？我的看法是这样的，光线从人体的前方射出，如同箭一样，走的是直线。因此，从头部射出来的光线，通过小孔就到了影子的底部，而从人体足部射出的光线就射到影子的上部。足敝下光，故成景于上；首敝上光，故成景于下，而从人体的头部射向影子上部的光线及从人体足部射向影子底部的光线，都被小孔周围的墙挡住了，因此就在壁上出现倒立的像。这里的像，其实就是光线被人体遮挡后所形成的影子。由此证明了光线是笔直前进的。这里要说明一下，这里的'敝'与遮'蔽'

的'蔽'是一个意思，这里的"景"与"影"是一个意思。

"说明了光沿直线传播后，我们就利用这一原理，讨论了物体的投影与物、影、光源三者的大小、远近之间的关系，并提出了一些看法。对平面镜（主要是铜镜）的成像，提出了像的形态、明暗、远近、正斜，都是由反射出来的光线决定的这一观点。照镜人走向镜面，其镜像也一起走向镜面；照镜人离开镜面，其镜像也离开镜面。照镜人对着镜子的身体部分的所有点，在镜中都会全部照射出来。

"我们还对数和形也做了一些研究。提出了圆的概念，即'一中同长也'，意思是说一个圆只有一个圆心，而圆就是由所有到圆心距离相等的点所构成的几何图形。还提出了矩形的概念，它是四角均为直角的四边图形；两条平行线间距离相等及两点确定一条直线等命题。

墨子最后说："这些就是我与我的弟子们做的主要工作，我就大致讲这些吧。也许用你们的眼光来看我们所做的工作，会觉得是那么原始和粗糙，甚至还存在缺点和错误，但我们的看法与做法对社会的建设与发展，还是很有价值的。"

墨子的讲学到此就结束了，听了这场讲演，我们的内心油然升腾起一种景仰之情，他们靠自己的勤奋、博学，善于思考，勇于实践，在两千多年前，就已经走到了世界的最前沿，让我们深深地感受到中华圣贤先哲的伟大！

回到 F 机上后，W 教授也对这次采访进行了补充说明。

他说："墨子，是百科全书式的'平民圣人'，从他所处的时代与获得的成就来看，他是中国历史上天才般的存在。他创立的

墨家学说，是中华优秀传统文化的重要组成部分。他是中国古代著名的思想家和科学家。

"墨子卒于公元前 376 年，在他离世后，墨家分为三个学派。墨子的弟子根据墨子的生平事迹及其言论，编纂了《墨子》一书。根据《汉书》记载，该书共有 71 篇，而当前通行本《墨子》只有 53 篇，佚失 18 篇，且其中 8 篇仅有篇目，而无原文。成书时间约为公元前 388 年，距今约 2500 年。

"《墨子》中卷 40 至卷 43，分别为'经上''经下''经上说''经下说'四部分，又被称为《墨经》。如今一般认为两篇'经文'为墨子所著，两篇'经说'为墨子的弟子所著。

"《墨经》全文共计 5700 余字，包含了力学、光学、几何学、工程技术等知识。因此，墨子被后世尊称为'科圣'。

"《墨经》第 120 条记载了墨子与他的弟子做了世界上最早的小孔成像实验，这是对光沿直线传播最早的证明，这也是一个惊人的科学创举。古希腊的欧几里得（约公元前 300 年）比墨子晚出生约一个半世纪，在他写的《光学》著作中说，'我们设想光是沿直线前进的'。书中对光沿直线传播这一结论，没有进行实验证明，仅是一种'设想'。李约瑟在《中国科学技术史》中就说，'墨子关于光学的研究比我们所知道的古希腊更早。'

"在《墨经》第 62 条中说，'端'，体之无厚而最前者也；'端'是无间也。无厚，意思就是非常小；无间，意思就是内部没有间隙。他提出'宇'中万物由'端'组成，'端'是不可再分的物之颗粒，他也因此被西方科学界称为东方的德谟克利特。1920 年，著名学者梁启超就指出，《墨经》中的"端"——极微，就是基本粒子。

李约瑟说，墨家提出了原子的定义，而且在逻辑上是严密的。

"从《墨经》的记载来看，墨家已经掌握了光的反射定律，并以此来描述平面镜的成像原理。原理指出——平面镜成像，大小和物体相等，相对镜面对称。正因为有这样的记载和成就，我国在公元前 2 世纪就已经制造出了世界上最早的潜望镜，西汉初年成书的《淮南万毕术》中就有记载。它和现代所用的各种潜望镜的原理是一样的，是现代潜望镜的老祖宗。

"梁启超先生对近代我国落后的局面曾说'假使今日中国有墨子，则中国可救也'。胡适先生也说，'墨子也许是中国出现过的最伟大的人物，是伟大的科学家、逻辑学家和哲学家。'著名的中国思想史专家、史学家杨向奎先生说，'墨子在自然学上的成就，绝不低于古希腊的科学家和哲学家，甚至高于他们。他个人的成就，就等于整个希腊。'

W 教授最后说："2016 年，我国研制的首颗空间量子科学卫星以墨子号命名，就是为了纪念这位伟大的中国科学家。中国科学院院士潘建伟在 2016 年 8 月 15 日于酒泉发射中心接受记者采访时表示，中国自主研制的世界首颗量子卫星被命名为墨子，这是对我国古代文化和科学传统的继承，体现了中国的文化自信。"

墨子号卫星

力 学

- 采访对象：亚里士多德
- 采访时间：公元前 335 年
- 采访地点：吕克昂学园

　　我们三人从北京出发，登上 F 机，设置好了飞行的目的地，就开始向过去飞行，飞行了约二十五个小时，直接飞到了公元前 335 年的雅典吕克昂学园。

　　在飞行的 F 机上，H 学生就这次采访的对象做了简单的介绍。他说：

　　"今天我们采访的对象是亚里士多德，他是古希腊著名的科学家、形式逻辑的创始人，对自然哲学、科学分类学等学科均做出了不少贡献。公元前 384 年，他出生于希腊北部的斯塔吉拉。17 岁那年，他只身来到雅典，进入柏拉图学院学习。他虚心地向老师请教，在这个学院度过了 20 年的时光。他学习努力，并通过独立思考，积累了不少自己的观点与看法。他的老师强调理念和思想，但他却更强调观察和实验，立志日后要建立属于自己的知识系统。后来，亚里士多德创立了与柏拉图不同的哲学体系。对此，亚里士多德说，'吾爱吾师，但吾更爱真理'。

"今天我们采访的地点是吕克昂学园，是亚里士多德仿效他的老师柏拉图创办的一所哲学学校。柏拉图试图寻求通过'理念论'来教育学生，而亚里士多德则寄希望于教学课程之外，通过实验和研究方法来开展教育活动。为此，吕克昂学园配备了庞大的图书馆、博物馆和实验室，以供科学研究之用，亚里士多德亲自带领学生从事研究。他在《动物自然史》一书中，共描述了540种动物并将它们分类，从而创建了动物学；他对鸡的生长过程的描述成为胚胎学的肇始。从他的这些活动和取得的成果足见其从事研究的方法和态度。"

说着，听着，F机已抵达目的地——吕克昂学园。

三人从F机上下来后，只见校园很大，园内风景秀丽，有多

条林荫大道，大道的周围有喷泉廊柱点缀，四周还有许多高大的建筑物，是一处办学的好场所。

H学生接着说："亚里士多德经常带着他的学生在这些林荫道上一边散步，一边讲学，讨论学术问题。由此，后人称他们为'逍遥学派'。据说有一天，一个学生抱怨三段论太难懂了，希望老师能讲得通俗一点，亚里士多德略微沉思了一下，说道，'如果你的钱包在你的口袋里，而你的钱又在你的钱包里，那么你的钱肯定也在你的口袋里，这就是一个典型的三段论。'他还为吕克昂学园制定了学校章程，比如，生活要有规律，饭菜要简单等。"

校方在一周前就知道了我们的这次采访，并派专人热情地接待了我们。不一会儿，亚里士多德就来了。

亚里士多德看着五十上下的年纪，有着深邃的大眼和浓密的鬈（quán）发，大胡子，高鼻梁，魁梧奇伟，仪表堂堂。一见到

亚里士多德

他，我们就有些莫名的激动，三个人不约而同地站了起来。他热情地向我们举起双手，欢迎我们的到来。

他领着我们走进一个小院，院内绿树成荫，花草繁茂，一条彩石镶嵌的甬道，引着我们走进了一幢结构精巧、古典雅致的小楼，在一个小型接待室里，采访开始了。

亚里士多德建议我们以提问的方式进行这次采访，我们也接受了他的建议。

P 学生首先提问，他说："尊敬的亚里士多德先生，我想问一下什么是空间、时间和运动，大自然中万物运动的原因又是什么呢？"

一听到这个提问，亚里士多德显得有些兴奋，富有激情地开始了他的演讲。他说："我首先解释一下什么是空间，我们经常会看到一个物体有位置的移动和体积的变化，由此可见，空间显然是存在的。没有空间，物体就无法发生位置移动和形体变化。我们可以认为空间是一个容器，它虽然可以存放物体，而它本身是独立于物体而单独存在的，是不动的。

"那什么是时间呢？时间不是运动，而是使运动可以被我们计量的东西，是量度运动久暂的尺度。运动有前后，前与后之间的量度就是时间。时间是独立的、单向均匀流逝的，它永远处在开始与终结之间。

"说了空间和时间，我再来说一下什么是运动。一个物体，如果一方面处于它所在的状态，另一方面又处于它变化所趋向的那个状态，这时我们就称这个物体在运动。只要说运动，就必须说明是什么在动，在何时、何处动，也就是说，运动的一个重要特

征就是离不开时间和空间，没有空间和时间，运动也就不能发生。

"判断一个物体运动的快慢可以有三种标准——在相同的时间内通过较大的量，或在较短的时间内通过相等的量，又或是在较短的时间内通过较大的量。这些都是用运动的量与运动所经过的时间之比表示运动的快慢，这也就默认了存在独立于物体运动之外均匀流逝的时间是运动存在的前提。"

亚里士多德又说道："大自然中的运动可以分为三类：地面上的运动有两类，另一类是天体的运动。它们运动发生的原因也各不相同。

"先说地面上物体的两类运动——一类运动是不需要外界作用就可以维持的自然运动；另一类运动是需要外界对物体的作用才能维持的强迫运动。

"我先说地面上的自然运动。这种运动的原因是由组成它们材料的元素决定的。我们认为地球上的万物都是由土、水、气、火这四种元素组成的，而每一种元素的轻重都不相同，其中土最重，水次之，气较轻，火最轻。由于轻重不同，它们在自然界中的位置也就有了高低、上下的区别，自然运动发生的原因就是元素总是想到达自身在自然界中的固有位置，这就产生了运动。

"我们已经知道了脚下的大地是一个圆球，它主要是由土元素组成的。土元素最重，它的自然位置在地心，因此，地球是不会动的；水元素次之，因此它向下流；气元素较轻，向上运动，因为大气层是气元素的自然位置；火元素最轻，火焰也总是向上蹿跳，是因为其自然位置是在气元素之上的。

"一个物体自然运动的方向，就是由该物体所含的每种元素的比例多少决定的。岩石在水中会下沉，因为它主要是由土元素组成的；木头会浮在水面，因为它不光含有土元素，还含有气元素；热气会上升是因为它既含有气元素，还含有火元素。

"由此可见，'自然运动'只有两种表现形式：要么竖直向上，要么垂直向下。而且，向下运动的物体，由于其含有土元素的比例不同，下落的快慢自然也就不一样。物体大小相同时，越重的物体含有的土元素就越多，下落得当然就越快，铁块含有土元素多，就会比同样大小的木块下落得更快。"

亚里士多德接着说："地面上的另一类运动就是强迫运动。

"所谓强迫运动，就是说物体自身没有发生运动，是外界的作用力强迫这些物体动了起来。我们看到的大量物体所做的水平运动，就是强迫运动。你如果想在路面上拉动一辆小车，或者想推

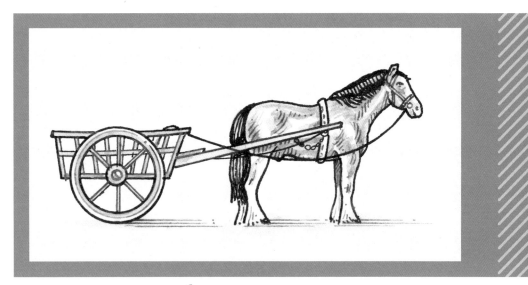

马对车的强迫运动

动桌面上的一本书，都需要外界对它们发生作用才能让它们动起来。而且只有对这些物体持续施以'推'或'拉'的作用时，才能强迫这些物体动起来，并维持下去。这种运动，是由于外界的强迫，才使它运动起来的，因此就叫作强迫运动。

"我们能观察到的运动，还有第三类，那就是天体的运动。月球、太阳和其他星体都在围绕着地球转动，它们为什么处于永恒运动状态且不会掉下来呢？这是因为它们并不是由土、水、气、火这四种元素构成的，而是由第五种元素——以太所组成的，这种元素地球上没有，它没有重量，也不会腐朽，是永恒不变的完美存在。它们的自然位置就是在天空，它们的自然运动就是环绕地球的完美的圆周运动。这就是我所要说的第三种运动，叫作天体运动。"（注：以太是某些历史时期物理学家赖以思考的假想物质，其内涵随物理学发展而演变。）

他接着又说："我在观察物体下落时，发现物体越接近地面，速度越快。针对这个问题，我们专门进行了讨论，提出了两种解释。一种解释认为，当一个物体越接近地面，就越接近它在自然界中的自然位置，它奔向这个位置的倾向就会越发迫切，因此它的速度就越来越大；另一种解释则认为，在物体下落的过程中，压在它上面的气柱越来越高，气柱推动的力也越来越大，加强了降落的作用，而下面的气柱越来越短，减小了对下落物体的阻碍，因此它的速度会越来越大。

"我还要说一下，星体都在绕地球运动，而地球是不可能在空间移动的。但我们还可以假设地球在做另一种运动，即围绕着轴自转，即它的每一个部分都在做圆周运动。如果是这样，我们在把一个重物竖直向上抛时，它就不会落到原地，但是，实际上如果我们向上抛一个重物，无论你抛得多高，它仍会落到抛出位置的正下方，而不会落在初始位置的四周，这就说明地球没有在做自转运动。

"我对物体运动的看法，主要就是这些。非常感谢你们跨越千年对我进行访问，这是我生命中一件极大的幸事，再次感谢你们。"

一个多小时的采访，很快就结束了。与亚里士多德热情告别后，我们意犹未尽。

登上 F 机后，W 教授又对这次访问做了补充，他说：

"他是一位思想的巨人，他的智慧之光照亮了整个西方科学与哲学的天空，他以博学的知识和光辉的思想成为后来无数学者追随的榜样。他的一生诠释了对知识的无限渴望。他对世界的好奇心与探索欲让他在哲学、物理学、生物学等领域都留下了自己的足迹。亚里士多德认为一个人的最终目的是追求幸福，而这种幸福不仅是物质上的满足，更是灵魂上的充实与完美。亚里士多德是第一位比较全面地讨论了时间和空间基本属性的人。他的朴素时空观奠定了经典物理学对时空认识的基础，对后续科学的发展产生了深远的影响。

"他提出地面上的运动有两种形式，是符合人们直觉的。人们一直认为这是一个有用的理论，因此这个理论也得到广泛的认可。在近两千年的漫长岁月中，此理论对西方自然科学中关于运动的观念产生了深远的影响，人们不但接受这种看法，还把它视为不可动摇的权威观点。

"亚里士多德认为地球是静止在宇宙中心的，各种星体都围绕着它运行。他用自己的物理学解释了这个原因——地球之所以不能运动，是因为它主要是由土元素组成的，其自然静止的位置，就应当是宇宙的中心，而星球围绕地球做圆周运动，则是由于它们是由以太所组成的缘故，以太的属性就决定了它们只能做这样的圆周运动。地球上没有以太，因此不能像天体那样做圆周运动。这样，亚里士多德就解释了天上和地上的运动为什么会有天壤之别。但亚里士多德认为地球是静止在宇宙中心的观点现在看来是错误的。

"他在自然科学上首先提出了一系列关于物体运动的基本理论问题，比如，物质、空间、时间、运动等概念，他提出了物质、空间、时间的连续性，并认为它们之间是彼此相关的。由他撰写的《物理学》一书中阐述了物质是世界的基础，它们在不断地运动和变化着，没有任何一段时间里会没有运动，这是自然界运动变化的总规则。

"这里必须说明一个问题，许多物理学教材中，谈论得最多的是亚里士多德在力学领域的一个错误。他在《天论》一书中这样写道，'如果一个物体的重量是另一个物体的两倍，则它下落一段给定距离只需一半的时间'。这就是说，物体下落的快慢是与它们的重量成正比的。这些错误使得初学物理的学生，会觉得亚里士多德成了错误观点的代表，事实上在物理学的进程中，由于历史原因，我想这个错误也许是不可避免、必然会出现的，但这绝对不能掩盖亚里士多德对自然科学做出的重大贡献。

"当时的古希腊人从对大自然的观察与思考中创建了一门学问，称作自然哲学，物理学只是其中的一部分。人类的第一本

《物理学》就是他写的，物理学这个名词也是他首先提出来的，这本书也就奠定了他是第一位物理学家的身份与地位。

"当时人们的科学活动，虽然只是局限在对现象的描述、经验的总结和猜测性的想象上，但这些内容却提供了现代和近代物理学的多个生长点，亚里士多德在这方面的工作也成为物理学的一个重要源头。

"大约从公元 1500 年开始，哥白尼等人建立了新的天文学理论体系。同时，新的物理学也在孕育之中。伽利略等人约在公元 1600 年前后，开始重新考虑亚里士多德的物理学。自此，物理学步入了现代科学的新阶段。

"亚里士多德一生著作极多，几乎在每一个学术领域都留下了他的著作，保存下来的也不少。这些著作包括了哲学、生物学、天文学、物理学、心理学、逻辑学、美学等几乎所有的学术领域，是一位名副其实的百科全书式学者。

"综合亚里士多德的著作所表述的观点后，最有价值的就是以下两条——①人类生活所涉及的方方面面都值得去研究；②宇宙万物的运行都遵循着一定的规律。亚里士多德在科学上重视对广泛经验的考察（特别是在生物学上）。事实上，古希腊真正意义上的自然科学就是从他开始的。在距离今天约 2500 年前，我们人类就出现了诸多像亚里士多德一样博学多才的学者，这是人类的幸运。

"公元前 322 年，亚里士多德因身染重病卒于哈尔基斯，享年 62 岁，相传，他的去世可能是一种多年积累的疾病造成的，当然也存在他被毒死或者由于无法解释潮汐现象而跳海自杀的猜测。"

采访对象：阿基米德

采访时间：公元前 213 年

采访地点：叙拉古的一座民居

这次飞行需要二十几个小时。在 F 机上，H 学生对采访的对象做了介绍。

H 学生说："阿基米德约比我们前面采访的亚里士多德晚出生百年，是古希腊著名的哲学家、数学家、物理学家，也可以说是一位百科全书式的科学家。

"公元前 287 年，阿基米德出生于意大利南部西西里岛叙拉古（今意大利锡拉库萨）附近的一个小村庄。叙拉古是古希腊的城邦，约公元前 734 年由科林斯的移民所建，是一座十多万人口的小城市。

"阿基米德出身贵族，家庭十分富有。阿基米德的父亲费迪亚斯是天文学家兼数学家，在这两个领域都有很深的造诣，学识渊博，为人谦和。阿基米德深受家庭的影响，耳濡目染，从小就对数学、天文学，特别是对古希腊的几何学产生了浓厚的兴趣。

"公元前 267 年，阿基米德被父亲送到古代世界的学术中心——埃及的亚历山大城学习。亚历山大城位于尼罗河口，是当时的知识和文化贸易中心，学者云集，人才荟萃，被世人誉为'智慧之都'。据说在这座华美的城市里有 4000 座宫殿、4000 个浴池……400 个剧院，还有一座顶级的学府和一个馆藏丰富的图书馆。欧几里得正是在这里完成了他的史诗级作品《几何原本》。阿基米德在亚历山大跟随过许多著名的数学家学习，包括几何学大师欧几里得的两位学生。

"阿基米德是最早把观察、实验和数学融为一体的科学家，也是他最先把数学引入物理学，使物理学成了一门定量科学。在力学研究方面，他大大地超过了亚里士多德，确切地说，阿基米德是力学这门学科的真正创始人。他的浮力定律也被后人称为阿基米德原理，他本人更是享有'力学之父'的美誉。"

阿基米德

说话间，我们已经到了阿基米德的故乡，虽然这里正在打仗，但我们的 F 机并没有受到战争的影响，直接飞到了阿基米德的庭院旁边的空地上。

阿基米德已经在他的庭院门口静候着我们的到来，看到我们的出现，他挥着双臂高兴地喊着："欢迎你们，欢迎你们的到来！"他同我们热情地握手，相互问候，场景感人。

他说，三天前，国王的侍从就通知他，说有遥远的东方客人要来采访他，听到这个消息后，他既兴奋，又不敢相信，两千多年后的东方人，居然还会想起他这个老头，还在这样的战争岁月里来采访他，使他格外感动。

他已七十多岁的高龄，但仍精神抖擞，思路敏捷。白净阔宽的前额，蓝色的眼睛，淡黄色波浪般卷曲的头发虽已显稀疏，但与胡须自然完美地连了起来，给人一种美感，似乎在告诉我们，古希腊的大学者、大智者，到了老年，就应当是这个模样。

他的庭院是一间普通的民居。

这座两千多年前的古希腊民居，也引起了我们的好奇心。我们目测了一下，这个庭院呈矩形的平面布局，大体分为三个部分：前院是供家庭成员活动与会客的场所；中间是一幢二层楼房，供人起居作息；后院有几间平房和一块沙地，后来我们才知道阿基米德常常在此研究学问。

楼房的墙壁是用石块砌成的，表面用砂浆、黏土进行了粉刷。屋顶用木材做梁架，用茅草覆盖。进入屋内，有桌、椅、储物柜等简单的家具。

这里盛产葡萄，主要的饮料是一种酸酸的葡萄酒，阿基米德便用这样的酒品来招待我们。屋内飘着淡淡的酒香，在一种自由而安静的氛围中，我们的采访开始了。

P 学生首先提问，他说："尊敬的阿基米德先生，能聆听你的演讲，实在是我们莫大的幸运，我们希望就你在物理、机械、数学等方面所取得的成就向我们做些介绍，同时还希望你能像当年教授你的学生那样，给我们上一堂课。"

"好的，那我们就开始吧。"阿基米德说："我在物理和数学上取得的主要成就与《几何原本》这本书直接相关。这本书的作者欧几里得虽然没有直接教过我，但他却是我心中十分敬重的一位老师。他约比我大四十岁，他把希腊已有的初等几何知识搜集起来，从少数不证自明的公理出发，运用严密的逻辑演绎方法，推演出了一系列定理，并将一系列成果写成了共有 13 卷的巨著——《几何原本》。他的这一工作，对我产生了很大的影响，我汲取了《几何原本》的演绎方法，把数学和实验结合起来，完成了《论平面板的平衡或平面的重心》《论浮体》等拙作。

"在我的第一本书中，最有价值的内容就是杠杆原理。我正是从若干个不证自明的公理出发，提出了杠杆原理。我首先提出了几条公理，比如，在无重量杆的两端，距支点距离相等的地方挂上等重的重物，杠杆将平衡；距支点距离相等的地方挂上不等重的重物，重的一端将下倾等 5 条公理，我就是从这些公理出发，最终推证出杠杆原理。

"说到杠杆原理，就得先说明一下什么是杠杆。

"就是有一个杆，杆上可以找到三个点——支点、动力点、阻力点，这样的杆就是杠杆。所谓杠杆原理实际上就是这根杆的平衡条件——作用在杠杆上的动力和阻力的力矩（力与力臂的乘积）大小必须相等，即要满足：动力 × 动力臂 = 阻力 × 阻力臂。

"根据这个公式，哪怕阻力很大，只要找到一个支点，使得阻力臂足够短，而动力臂又足够长，那么，用极小的动力，就可以与一个很大的阻力达到平衡。正是根据这个道理，我在叙拉古的王宫对着国王说，'给我一个稳固的支点，我就能撬起整个地球。'这显然是一句大话，但绝对不是一句错话。根据我说的话，后来有人画了下面这张图。

阿基米德撬动地球示意图

"下面，我来讲一下我的第二本著作《论浮体》。

"在这本书中，我同样是从不证自明的公理出发，通过严格的逻辑论证，找到了两条规律——浸在水中的物体所失去的

26

重量等于它所排开水的重量；浮体排开水的重量等于它自身的重量。

"关于浮体问题，我有一次终生难忘的经历，正是因为这个经历，我才开始认真研究浮体问题，并找到了上述的两条规律。

"那年，叙拉古城邦的赫农王（King Hieron）让工匠替他做了一顶纯金的王冠。但是在做好后，赫农王疑心工匠做的金冠并非纯金，工匠可能私吞了黄金，但如何能够验证这种想法呢？当然不能破坏王冠，而且，这顶王冠确实与当初交给金匠的纯金一样重。

"这个问题难倒了赫农王和诸位大臣，后经某个大臣建议，赫农王就请我去，要我来解决这道难题。

"开始，我苦思冥想了好几天，也没有想到有什么好办法。有一天，我在家洗澡，由于浴盆放满了水，当我一坐进浴盆时，就看到水往外溢，我突然灵光一现，想到同重量的不同固体，由于体积不同，排水量应当是不一样的，这样就可以用测定固体在水中排开水的体积的办法，来确定金冠的体积。

"我兴奋地跳出浴盆，连衣服都顾不得穿，就跑了出去，大声喊着'尤里卡！尤里卡！'（意思是'找到了'）下面也是有人在事后画了这张图，图中的照片还真有点像我。

"我来到了王宫，把王冠和与王冠等重的纯金分别放入盛满水的两个一模一样的盆里，我想通过比较两个盆溢出来的水量来鉴别王冠是不是纯金的。通过这种方法，我发现盛放王冠的盆里溢出的水量比另一盆的多些。这就说明王冠的体积比相同重量的纯金的体积大，从而证明了王冠中掺入了密度比纯金小的金属。

阿基米德测排水量示意图

"又有一次,赫农王又遇到了一个棘手的问题。他给埃及国王造了一艘船,但因为船体太大、太重,怎么也想不出把这艘大船移到海里的办法,赫农王又把我召去,对我说,'你连地球都撬得起来,把一艘船放进海里这样的小事应该没问题吧。'

我答道:"给我几天时间,我试试吧。"

"我先在纸上作图、计算,然后叫来了几位工匠,在船的前后左右安装了一套设计精巧的滑车和杠杆。那天,赫农王也来了,他说他要亲自看一下这艘大船是如何下海的。我把一根绳子交给了赫农王,让他用力拉一下,奇迹出现了,大船居然动了起来,而且慢慢地滑到海里，赫农王高兴极了，说这简直就是变魔术，然后还特别发出公告，我记得公告上是这样写的，'从现在起，我要求大家，凡是阿基米德说的话，都要相信他！'

"我在机械制造方面也做过一些事情。

"我还在亚历山大城求学时期，一天，我正在久旱的尼罗河边散步，看到农民提水浇地相当费力。经过思考，我发明了一种利

⚐ 大船下海示意图

用螺旋器的旋转而把水吸上来的工具，不久有人就把它叫作'阿基米德螺旋提水器'。它的样子大致就像下面的这张草图。

阿基米德螺旋提水器草图

"在战争岁月里，我还做了一些机械，主要用来保卫我的家乡。

"从公元前4世纪50年代后期起，叙古拉内部纷争不已。在第二次布匿战争中，叙拉古坚决抵抗古罗马的侵略，支持迦太基，于是，古罗马派军队通过水路与陆路同时进攻叙拉古。

"为了保卫家乡，我发明了巨大的起重机，它可以将敌人的战舰吊到半空中，然后重重地摔下，使战舰在水面上粉碎。我还利用杠杆原理发明了投石机和发射机，它们能把大石块投向古罗马军队的战舰，或者发射矛和石块射向古罗马士兵，凡是靠近城墙的敌人，都难逃尖矛和飞石的打击。

　　"记得有一天，叙拉古遭到了古罗马军队的偷袭，而叙拉古的青壮年都上前线去了，城里只剩下老人、妇女和孩子，处于万分危急的时刻。我让妇女和孩子们都拿出自己家中的镜子一齐来到海岸边，排成一个扇形面，让镜子把强烈的阳光反射汇聚到敌舰的主帆上，不一会儿船帆就燃烧起来了，火势借着风力，越烧越旺，罗马人不知底细，以为是我又发明了什么新式武器，就慌慌张张地逃跑了。

　　"下面，我再介绍一下我在数学、天文方面所做的工作。

　　"我用圆内接多边形与外切多边形边数增多，面积逐渐接近的办法，求得圆周率 π 值介于 3.14085 和 3.14286。我还用'穷竭法'算出了抛物弓形的面积。

　　"我算出任一球的表面积是它外切圆柱体表面积的三分之二，任一球的体积也是它外切圆柱体体积的三分之二。我对这个结果非常满意，希望我死后能把这个结果刻到我的墓碑上。

　　"我在天文上也做了些工作，改进了原来天文测量用的十字测角器，并制成了一架测算太阳相对地球角度的仪器。通过常年的认真思考，我得到了这样的看法——地球可能是圆的，而且地球也许不是宇宙的中心，有可能是绕太阳转动的。

　　"好了，我就讲这些吧，我讲的这些内容，在你们看来，已经堆积了厚重的岁月尘埃，是非常陈旧的东西了，而你们还能听完我的讲述，谢谢。"

　　演讲结束后，他与我们热情地握手，并把我们送上了 F 机。

登上 F 机后，W 教授开始了他的发言。他说："阿基米德的科学成就对后世文化的影响是显然的。他发现浮力定律，从浴盆里跑出来，大喊'尤里卡'。如今，在比利时首都布鲁塞尔每年举行一次的世界发明博览会就被叫作'尤里卡'，以此纪念阿基米德。

"阿基米德用排成扇形的镜子烧毁了罗马人的船只，这大概是人类第一次在战争中如此集中地利用了太阳的能量。为了纪念阿基米德的这一科学行为，前些年，欧洲九国就在那里联合建造了一座太阳能发电站。

"说到阿基米德，我想起了中国的两位古人。一位是我们前面访问的墨子，他利用杠杆原理，制作了一个叫桔槔的汲水工具，这比阿基米德早了约二百年。另一位是三国时的少年曹冲，关于他有利用浮力原理称重大象的故事。《三国志》有记载'置象大船之上，而刻其水痕所至，称物以载之，则校可知矣'。虽然比阿基米德建立的浮力定律晚了约四百年，但一个只有五六岁的孩子，就有如此见识，足见其聪慧。

"在阿基米德老年时遭遇的这场战争中，他发明的武器搞得古罗马军队惊慌失措、人人自危，连将军马塞勒斯都苦笑着承认，'这是一场古罗马与阿基米德之间的战争''阿基米德是神话中的百手巨人'。

"公元前 211 年，罗马军队占领了叙拉古。

"已被围困两年多的叙拉古被攻陷时，古罗马军队的统帅曾下令不允许杀害阿基米德。然而，古罗马士兵闯入阿基米德的住宅，进入后院时，看见一位老人正在沙地上专心致志地绘制一些复杂的几何图形，当一个士兵靠近他时，阿基米德怒斥道，'站远点儿，伙计。离我的图形远点儿。'喊声未落，两名士兵就用长矛刺穿了这位老人的身躯。从这一刻起，热爱抽象的古希腊人被务实的古罗马人取代。

"阿基米德离世的这个场景，被大量的文化元素传播着，已经定格为一幅永久的历史画面。人们从这两千多年前留下的画面中，见到了一位把科学追求看得比自己的生命更为宝贵的古希腊伟人。

阿基米德之死

　　"古罗马军队的统帅马塞勒斯听到消息后，将杀死阿基米德的士兵当作杀人犯予以处决。古罗马人为阿基米德举行了隆重的葬礼，还为他修建了一座陵墓，墓碑上刻着阿基米德生前的遗愿，圆柱内切球这一几何图形。

　　"几个世纪后，古罗马著名政治活动家西塞罗（约前 106 年—前 43 年）游历叙拉古时，有心去凭吊这位伟人的墓。众人用镰刀开辟出一条长长的小径，才发现了一根高出灌木丛不多的小圆柱，上面刻着一个球和一个圆柱，被人们遗忘的墓地终于被找到了，陵墓上的墓志铭约有一半已被风雨侵蚀，但依稀可辨认出这就是阿基米德的坟墓。"

👤 采访对象：伽利略
🕐 采访时间：1604 年
📍 采访地点：帕多瓦大学

  F 机飞行了约五个小时，就来到了 1604 年的意大利帕多瓦大学。在飞行中的 F 机上，H 学生向大家简单地介绍了伽利略和这所大学的相关情况。

  他说："伽利略 1564 年 2 月 15 日生于意大利的比萨，父亲是一位著名的音乐家和数学家，父亲的学术研究对伽利略产生了很大的影响。青年时的伽利略倾心于欧几里得的几何学和阿基米德的静力学。25 岁获得比萨大学的教授职位。3 年后，他就转到帕多瓦大学。"

  他接着说："帕多瓦大学始建于 1222 年，是意大利第二古老的大学，也是世界排名第五古老的大学。伽利略于 1592—1610 年在此任职，诗人但丁也曾在该校求学。伽利略在帕多瓦大学任职期间，是他开展科学活动的黄金期，是他一生中精神愉快、学术成就最大的时期。他研究了大量的物理问题，比如，斜面、抛体、力的合成等；他还研究了液体与热学的相关问题，发明了温度计。伽利略不仅在地面上把实验做得'热闹'，还自制了望远镜，仰望浩瀚的天空，扩展了人类的视界。

  "帕多瓦是一座古老的城市，紧挨浪漫水城威尼斯。这里不仅有欧洲最古老的植物园，还有建成于 14 世纪初的罗马 - 哥特式大

晚上的圣安东尼奥教堂

教堂——圣安东尼奥教堂，它是帕多瓦的地标。

"这次采访的目的，主要是观看伽利略做的斜面实验，这一实验在力学发展中有着重要的意义，并为牛顿力学的建立奠定了基础。"

下了 F 机之后，就有人迎了上来，迎接从时间的远方来的特殊客人。校方已经大致知道我们这次来访的时间和目的，安排接待我们的老师文雅有礼，直接带领我们来到了物理实验室。

我们一进实验室，一眼就看到了赫赫有名的伽利略，约四十岁的年纪，身材高挑，黑发浓眉，锥形脸，大胡子，深邃的双眼。

他见到我们，热情地与我们握手，接着就兴致勃勃地开始边讲边做他的斜面实验。他指着他的实验装置说："这是一条 1.8 米长的木板，一端垫上小木块，就形成一个斜面，我让大小不同的小球从斜面上由上而下滚动，斜面的底端衔接着一条很长的水平放置的坚硬、光滑的木板，小球离开斜面后就在这水平木板上继续向前滚动。

"斜面的上端有一划线，这是小球沿斜面向下滚动的起始位置，当小球向下运动时，想找到它运动的规律，就必须在相等的时间间隔内看小球滚动的距离。这就要看 1 秒时小球滚到

哪里，2秒时又滚到哪里，3秒时又滚到哪里……看这些距离与时间有什么样的关系。我们要很好地完成这个实验，关键就是要有非常准确的计时工具。"

P学生随即问道："尊敬的伽利略先生，我记得秒表是三百多年后才出现的，那你是用什么方法来解决这个困难的呢？"

伽利略答道："是的，我的实验室还没有在短时间内能准确计时的工具。开始时，我用一个容器中水流量的多少来计时，这种做法既不方便，也不准确，后来，我就哼着进行曲，用节拍来计时，这样既方便又准确。

"这得益于我的父亲对我的训练。我的父亲是一位音乐家，精通音乐理论与声学，他严苛地训练我用耳朵来识别音乐的节拍。比如，进行曲就是每半秒钟一个节拍。通过这种训练，我甚至可以分辨1/64秒的时间误差。这就是我能够把时间间隔分隔得很均匀的原因。"

他指着面前的斜面，说道："我在这个斜面上已经做过上百次的实验了。我先在斜面上按小球大致相等的运动时间间隔而走过的距离拉一根琴弦，小球向下滚时，每碰到一次琴弦，就会发出咔嗒的声响。我哼着进行曲进行了一次又一次实验，对琴弦在斜面上的位置进行一次次细微的调整，最终调节到小球每隔1秒就撞上1根琴弦。我利用这种定时的方法，使小球与琴弦撞击的咔嗒声变得规律起来，第1秒末就能听到第一次的咔嗒声，第2秒末就能

伽利略斜面实验图

听到第二次的咔嗒声……

　　"我再用尺子来量度从起始位置到第一根琴弦、第二根琴弦、第三根琴弦、第四根琴弦的距离，这样我就发现了小球在斜面上的运动规律：从起始位置到第一根琴弦、第二根琴弦、第三根琴弦，小球的运动距离是按几何级数增长的。即从起始位置到第二根琴弦的距离是到第一根琴弦的距离的 4（2^2）倍，从起始位置到第三根琴弦的距离是到第一根琴弦的距离的 9（3^2）倍，从起始位置到第四根琴弦的距离是到第一根琴弦的距离的 16（4^2）倍。另外，我用大小不同、重量也不一样的小球来做这个实验，得到的结果都是一样的，出现的规律与小球的重量和成分均无关。

　　"如果我把斜面一头抬高些，坡度变陡些，虽然从起始位置到每根琴弦的距离不一样了，但出现的规律是一样的，还是出现了距离和时间相关的平方序列。

"于是我得出了一个公式，可用它来描述斜面上小球的运动，即下落物体经过的距离 s 等于一个常数 A 乘下落时间的平方，可以简写为：$s=At^2$，A 的大小随斜面的倾角大小而发生变化，倾角大，斜面陡，则 A 值大，它决定向下滚的小球的速度增量，而与小球的重量无关，这就表明小球在斜面上是做一个速度均匀增大的匀加速直线运动。

"如果让斜面逐渐升高，直到让斜面垂直于地面，小球的运动就是自由落体了，也一定会遵循上面的规律，满足下落距离与时间的平方成正比，而与球的重量无关，其运动速度会越来越大，也必然是一个加速度恒定的运动。

"总之，在向下倾斜的平面上，运动着的小球会自然地向下运动并不断加速，需要用力才能使它停止运动。在向上倾斜的斜面上，想要推动小球甚至使它停住都得用力，如果把小球放在一个既不向上也不向下的光滑平面上，一旦此球开始运动后，平面有多长，小球的运动就有多远。如果这个平面无限长，小球的运动

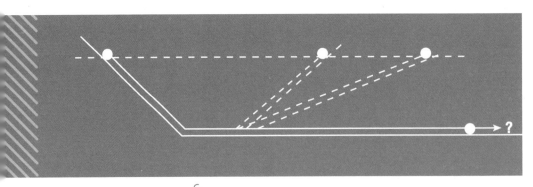

小球在斜面和平面上的运动示意图

也将是无限的，也就是说，是永恒的了。"

伽利略兴致勃勃地讲完了他的斜面实验，意犹未尽，用一种期待的目光看着我们，似乎在问我们，我讲清楚了吗？

他接着又问："你们还有什么问题吗？"

P学生随即又提出了一个问题："据说在十多年前，你还在比萨大学任教时，曾经在比萨斜塔上做过自由落体实验，用来否定当时亚里士多德的看法。对这件事，后人多有质疑，然而关于你的事迹，以研究你而闻名的加拿大科学史学家 S. 德雷克通过许多确凿史料推断，你在比萨斜塔上的实验是真实的。因为这符合你自信、善辩的个性和不拘礼节的行为方式，这个实验你做了吗？"

伽利略回答说："德雷克的推断是正确的，我记得那是一个晴朗无风的清晨，我爬到了五十多米高的斜塔第八层的顶端，让轻重不同的小球同时下落。比萨斜塔下除了我的学生，还有其他观众，实验结果表明，这些小球几乎是同时落地的，虽然观测不是非常精确，但否定亚里士多德的小球重一倍、速度也大一倍的观点，是确定无疑的。我在 1591 年写的《运动论》小册子中，也提及了这件事。

"其实，做这个实验已不只是一个简单意义上的物理实验，实验的结果我早就了然于胸，我是想在公众场合做一次公开演示，做一次有价值的宣传活动。从我的斜面实验结果就可以看到，斜面上不同重量的小球的运动情形是一样的，而当斜面与地面垂直时，不同重量的小球，一定是同时落地的。但是，在那个时代，大学讲授的物理学主要是亚里士多德的《物理学》。当时学校的正统观念是亚里士多德的看法，说服他们是困难的，他们坚信，他

比萨斜塔与比萨大教堂

们心中的权威是怎么也不会错的，只有用实验才能让他们对自己的观点产生怀疑。"

时间关系，我们的采访结束了，我们与大师握手告别。

回到 F 机上后，P 学生首先发言，他说：

"青年时期的伽利略，思想活跃，学习能力惊人。18 岁时他看到教堂的吊灯在风中摆动，使用自己的心跳当计时器，发现了吊灯的摆动周期是恒定的，且与振动幅度无关，即单摆的等时性——在摆长不变的情况下，无论摆幅的大小如何，摆动一周的时间都是一样的，后来，荷兰科学家惠更斯根据这个原理，制成了钟表。"

接着，H 学生继续说："无论伽利略在比萨斜塔上做没做过这个实验，人们还是宁愿相信他是做过的。现如今，比萨斜塔成了意大利的国宝和世界级的旅游胜地，这无疑与伽利略的科学文化魅力相关。"

W 教授对这次采访做了个小结，他说道："在伽利略的名著《两门新科学》中，首先提出了'匀速'和'匀加速'这两个重要概念——匀速运动是指运动物体在任何相等的时间内通过的距离相等；匀加速运动是指运动物体在相等的时间间隔内获得相等的速度增量。这两个概念对揭示机械运动的规律有着重要的作用，而这两个重要概念的获得就是通过斜面运动的实验建立起来的。

"伽利略在斜面实验中得到的公式 $s=At^2$，也许是人类第一次正确地使用数学语言来描述物体的运动，并且能准确地揭示速度与加速度这两个重要概念，暗示了加速度与力是直接关联的。

"得到这个公式以后，他写下了这样的感言，'隐约地预感到无序之表象背后的法则，这种感觉无与伦比。

"这个公式虽然是人类心智的结晶，但它不是随心创造的，与所有后来的科学理论的建立一样，是建立在对现象观察的基础上，是实验与观察相互作用的结果。这个公式是科学地描述物体运动的开始，也是人类研究自然的一种新的方法的开始。

"在斜面实验中，当小球离开斜面来到平面上时，它受到的重力与水平放置的平板对它的支撑力相互抵消，这时小球受到的合力为零，等同于小球已没有受到力的作用，但小球仍然可以向远处运动，并永恒地运动下去。

　　"这就说明，运动是不需要力来维持的，这也否定了亚里士多德的运动观。这也就是我们所学的惯性原理，物体不受外力的作用，就会保持原有的运动状态——静止或做匀速直线运动，这就是牛顿归纳的力学第一定律。可以说，在经典力学的建立方面，伽利略是牛顿的先驱。"

　　W 教授又说："通常人们都会认为重的物体会比轻的物体下落得快。人们很容易接受这样的看法，因为这与他们的生活经验是相吻合的。一只铅球掉在地上会砸出一个坑来，而一根鸡毛却是轻飘飘地、慢慢地落向地面，它怎么会与一只铅球同时落地呢？

　　"在物理实验室中，在一根长玻璃管的顶端放一根羽毛和一枚硬币，让它们同时下落，硬币不到 1 秒钟就会落到玻璃管的底部，而羽毛需要 5~6 秒。但若把管子里的空气抽掉，重复上面的实验，就可以看到'币'与'毛'是同时落底的。这是由于空气的阻力藏匿了自由落体定律，只有去除了这些复杂的因素，才能获得真理。大自然总会把简单性的规律隐藏在复杂的环境之中，让人们看不清这些规律，而物理实验就是要把环境的复杂性去除，从而找出真知。"

　　W 教授还说："亚里士多德在他的著作中有一个落体运动法则，即落体的速度与其重量成正比。也就是说，如果甲物的重量是乙物的 2 倍，那么，在相同的条件下，甲物下落的速度将会是乙物的 2 倍，并可以以此类推，这一看法两千多年来也没有人否定过。

　　"伽利略在他 1638 年出版的《两门新科学的谈话》一书中首次否定了这个看法。书中说，如果一块大石头下落的速度比小石头下落得快，则把两块石头拴在一起时，下落快的大石头会被下落慢的小石头'拖'着，大石头的速度会变慢；下落慢的小石头会被下落快的大石头'拉'着，小石头的速度会变快。因此，两块石头拴在一起的速度就应当小于大石头的速度，而大于小石头的速度。但是，把两块石头拴在一起时，两块石头加起来的重量比大石头还大，就应当下落得更快。

"通过这种思辨的方法，伽利略找到了'相悖'之处，否定了'落体的速度与其重量成正比'的观点，得到了在地球表面附近'重物'与'轻物'同时落地的正确结论，他是一位大智者。

"然而，人们通过这段史实，知道了在没有空气阻力的情况下，轻重物体是同时落地的，并记住了这个结论。但要让他们说清其中的'理'，往往又是困难的。因为这要理解牛顿第二定律才能明白这个道理。一个物体受到外力（F）的作用，它的运动状态就会发生变化（a），作用力越大（F越大），运动状态的变化就越加厉害（a亦大），这是成正比的关系。若这个物体的质量（m）较大，那么它运动状态的变化（a）就较小，质量在这里就量度了物体运动变化的困难程度（称作惯性）。推动桌子上的一堆书要比推动一只鼠标困难得多，鼠标的运动状态改变比那一堆书的运动改变要容易一些。重物下落时，地球引力虽大，但它的质量也大，自己运动状态的改变也就困难，这两种相反的作用效果，就使得重物与轻物同时落地了。从今天物理学的观点看，是证明了引力质量与惯性质量相等。这一看法成为爱因斯坦建立广义相对论的基石。为此，我国于 1991 年发行了纪念伽利略的明信片。

"伽利略的工作也告诉我们，身边事物的运动与变化，就隐藏着规律，只是大多数人都不会去关注与研究它们，因此也就不可

能有所发现，只有人类中极少的对此着迷的人，才愿意去关注与思考，从而找出了这些规律来。

"伽利略开创了利用实验与数学相结合的科学研究方法来研究物体运动的先河，揭开了近代科学的序幕，为牛顿完成对经典力学的综合奠定了基础，将近代物理学乃至近代科学引入了正确的轨道。他相信找到真理只能通过实验，而不是历史上的权威。他的这一观念，在近代科学史上占有突出的地位，被后人称为'近代物理学之父'。

"伽利略因为坚持地球围绕太阳转动的观念而激怒了古罗马天主教，遭到残酷迫害。1633 年 6 月 22 日，69 岁的伽利略被带上法庭，在教堂圣灵办公室的裁判面前，他跪下来'认罪'。判决书这样写着：被告伽利略信奉一些伪说，即太阳位于宇宙中心且不动，而地球是在运动且在自转的学说，还向其弟子宣扬这一学说……其发表著作宣扬这一学说是正确的，且为了应对《圣经》对这一学说所进行的驳斥，被告擅自对《圣经》进行了牵强附会的解释。

"从告发的理由看，伽利略的罪行主要有两个：一是信奉日心说，并向其他人宣扬这一学说；二是为应对《圣经》所给出的驳斥而对《圣经》曲解。

"1633 年，罗马宗教审判法庭以'重大异端嫌疑'的罪名判处伽利略终身监禁。1642 年 1 月 8 日，伽利略已完全失明，认为自己已经失去了活着的意义，也就在这一天，他在痛苦中含冤离世。直到 1979 年 11 月 10 日，前教皇约翰·保罗二世才公开宣布——三百多年前宗教审判法庭对伽利略的审判是不公正的。

　　"伽利略的一生，是对未知世界积极探索以及对既定权威勇敢挑战的一生，在那个被宗教教义束缚的年代，伽利略勇敢地举起了科学的火炬，照亮了人类理性的道路。他的一生充满了激情和奇迹，激励着一代又一代人向着真理前行。"

- 采访对象：艾萨克·牛顿
- 采访时间：1667 年春
- 采访地点：牛顿故居

我们一行 3 人进入 F 机后，设定了飞行的目的地：英格兰林肯郡伍尔索普镇。F 机开始向过去飞行，飞行不到五个小时，就到达了目的地。

H 学生就这次采访的对象给大家做了介绍。他说："在伽利略去世后一年，牛顿便出生了，他是个早产儿，生在林肯郡农场姓牛顿的这户人家。刚上学的那几年，没有任何迹象能够显示他将成为一位伟大的人物。他是个体弱多病、生性腼腆的男孩。他的母亲想让他继承农场的工作，但他 18 岁考入剑桥大学三一学院学数学，并全身心地投入学习中，1665 年获得学士学位。

"1665 年秋季，伦敦市区流行鼠疫，在短短的几个月里，每 10 个伦敦人就有 1 个死于瘟疫。剑桥大学离瘟疫暴发中心很近，学生都被遣散回家了。牛顿也回到他的老家待了 18 个月，直到剑桥大学重新开学。意想不到的是，就是这 18 个月，成为牛顿一生中最富有创造力的 18 个月，也是科学史上出现奇迹的 18 个月。这段时期集中了他一生最重要的科学思想和创作，其中包括二项式定理；从变速运动和万有引力定律中抽象出微积分；用三棱镜研究光学，发现了白光是由多种颜色的光组成的，提出光的色散理论；他考虑引力问题，猜测行星椭圆轨道是由服从平方反比关系的引力所决定的，这为他建立运动定律和万有引力定律奠定了基础。可以说，牛顿的科学生涯就是从这18个月开始的。

"牛顿在大学学习期间，接触到了亚里士多德的运动学理论，后来又读到了伽利略、笛卡尔等人的著作，为他富有创造力的研究做好了准备。

"从牛顿在这段时间内所写的手稿中，可以看到所写内容几乎都是力学的基础概念和相关看法，比如，对速度给出了定义，对力的概念做了明确的说明，这些内容给《自然哲学的数学原理》一书搭建了理论框架。事实上，牛顿一生中最为重要的研究成果就是在这段时间内完成的，在之后的四十余年里，是逐步将这些成果完善并公布于众的过程。

"后来，牛顿这样写道，'在这些日子里，我正处在创造力最旺盛的时期，而且对数学和哲学（自然科学）的关心比其他任何时候都多。'"

听完H学生的介绍，没有觉着飞行多长时间，我们就到了目的地。

这里是典型的英国乡村田园景观。天广地阔，茂林掩映，隐约可见的农舍散落在密林中。下了F机，根据智能地图引导，我们找到了牛顿居住的庄园，大名鼎鼎的牛顿已经在院门前等着我们的到来。

这是一位25岁的年轻人，一头浓密的浅黄色长发，浑身洋溢着青春的活力，眼光中闪烁着智慧与锐气。他把我们领到了一间工作室，谦逊地示意我们坐下，大家坐好后，采访就在这里开始了。

牛顿

P 学生首先发言。他说：

"尊敬的牛顿先生，能不能请你介绍一下，你在回乡这一年多的时间里，主要进行了哪些方面的研究？"

牛顿回答道："我在剑桥大学的课堂上第一次听到的就是光学，这使我对色散有了初步思考。1666 年，我做了一系列的太阳光色散实验，这使我认识到，太阳光就是一系列折射率不同的光的复杂混合物，不同颜色的光具有不同程度的折射性，这些实验的结果，就逐步形成了我的颜色分解和合成学说，我想将其整理成一本书，书名都想好了，就叫《光学》。

"在力学方面，我认真阅读了伽利略于 1632 年写的《两大世界体系的对话》和 1638 年写的《两门新科学的谈话》这两本著作。

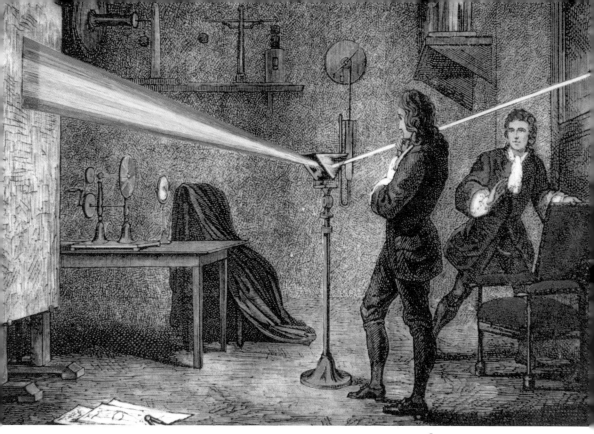

我发现伽利略通过斜面实验提出了惯性原理，但惯性原理仅仅局限于地面上的物体，而我认为这个原理是具有普遍意义的，它可以成为力学中的一个定律。我还阅读了笛卡尔著的《哲学原理》，书中明确指出，除非物体受到外力的作用，物体将永远保持静止或原来的运动状态，且在一条直线上运动。这是对惯性原理更加明确的表述。

　　"由伽利略和笛卡尔的运动观点就可以知道，当物体无外力作用时，只有两种状态：静止或做匀速直线运动，只有当有外力作用于该物体时，才能改变其原有的运动状态，即单位时间内速度的增量，我把它叫作加速度。作用于物体上的外力就是该物体产生加速度的原因，这就是力与物体运动状态发生变化的对应关系：

二者非但成正比，而且方向也始终一致。

"由于要研究物体运动过程中位置和速度的变化，就出现了微分的思想。为了用引力公式计算地球与月球之间的引力，就要计算月球与地球之间的距离，如果月球与地球都非常小，那就是两个球中心的距离。如果要计算地球的每一个微小部分对月球的引力，再把这些引力加起来，这就需要积分了，积分就是把无数个无穷小的量相加的一种数学方法。"

"尊敬的牛顿先生，"P 学生说："我想再问一个问题。"

牛顿回答说："好的，你问吧！"

P 学生说：

"有一个关于萌生万有引力的苹果与月球的故事，广为流传，有人说是你亲身经历的，也有人说是杜撰的。这个故事对近代物理学有着启蒙价值，而常常被人们提起。今天能见到你本人，非常幸运，能不能就这个故事的真实性，谈谈你的看法。"

"好的，下面我就来说一说这件事情。"

牛顿站了起来，又开始了他的讲述。他说："这是一件发生在我身上的真实事情。去年秋天，那是一个普普通通的傍晚，我坐在后面园子里的一棵苹果树下，一个苹果正好落到了我的面前，我不由得一惊，随后引起我的思索。我想，苹果落地，是向地面加速，一定有力的作用，这表明地球对它有吸引力，而且苹果是落向地面的，我猜想这个力一定是指向地心的。重物都落向地面，因此这个力在地面上应当是普遍存在的。

"我还猜想这个力可以延伸到很高的地方，比如，楼顶、山顶，甚至可以一直延伸到月球上，那么为什么月球不会落到地面呢？

苹果树下的牛顿

"如果这个苹果握在你的手中，你把它平抛出去，这个苹果将会沿着一条抛物线落向地面。如果你抛出的苹果速度加大，苹果仍然会落到地面，只是落地点离你更远了。如果抛出的速度足够大，那么苹果将会绕过地面的很大部分，落地点离你就更远了。按这样的想法再往前推想，只要抛出苹果的速度足够大，那么这个苹果也会落向地球的表面，只是落不到地面上，而是会绕着地球运行，永远不会掉下来，成为绕地球运行的一颗'苹果卫星'。

"月球就是这样的，它也是在落向地球，只是它有较大的速度，只能是沿着它的轨道下落，甚至很可能就是这个引力维持月

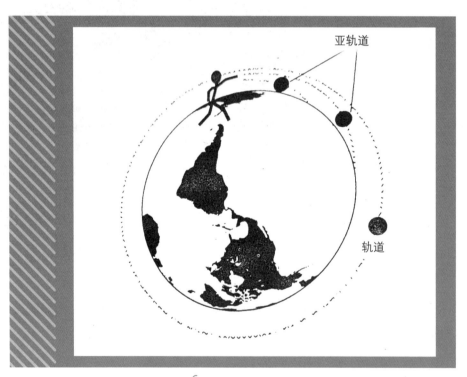

"苹果卫星"示意图

注：亚轨道一般指距离地面 20 千米至 100 千米的空域

球在它的轨道上运行的原因。至于月球为什么有一个这么大的速度，这一点，我并不知道。

"我在学校时，就知道了法国天文学家布里阿德在 1645 年提出的一个著名假设——他认为从太阳发出的力和离太阳的距离平方成反比而减少，再通过对开普勒三定律的思考，我就相信这种力是与距离平方成反比关系的。

"基于我对运动规律的研究，如果引力真的存在，苹果落地的加速度与月球落向地面的加速度应当是由同一种性质的力引起的。我可以通过计算来验证这一看法。

"我已经知道，月球离地心的距离约是下落苹果与地心的距离的 60 倍，因为这种引力与距离平方成反比，而加速度正比于引力，因此月球的加速度就应当是地球表面附近落体加速度的 $1/60^2$，也就是 9.8 米 / 秒 ^{2} × $1/60^2$=0.0027 米 / 秒 ^{2}。月球绕地球做圆周运动，绕一周约为 27 天，运动的半径约是地球半径的 60 倍，这就可以直接算得月球的加速度是 0.0027 米 / 秒 ^{2}，与观察的结果是一致的。

"但是，我认为关于地球半径的数值并不精确，也许计算的结果会有较大的误差，因此还不能完全确定这种力与距离的平方成反比，我只能先放下，待以后时机成熟，让这个结果更加可靠，再公诸于世。

"从上面我讲的内容来看，其实我取得的这些成功，都是在前人的工作基础上获得的，因此我对别人讲，如果我比别人看得远些，那是因为我站在巨人的肩膀上。这些巨人就是哥白尼、开普勒、伽利略、布里阿德和笛卡尔等，他们都是我的巨人。"

他深情而精彩的讲述，让我们情不自禁地鼓起掌来。

　　一上午很快就过去了，约定采访的时间只有今天上午，我们只能略感遗憾地结束这次采访。

　　牛顿热情地与我们握手告别，并预祝我们下面的采访顺利。

　　我们登上了 F 机。在 F 机上，W 教授对这次采访做了总结发言。他说："P 学生提的两个问题很好，集中反映了牛顿工作的主要成就，即他的运动定律及万有引力定律。

　　"在运动学中，加速度是一个比较难理解的概念，它是速度的变化率，而速度又是位移的变化率，因此加速度是位移对时间变化之变化的描述，这就是先前的人们花了很长时间都没有找到的，最后才由牛顿这位天才找到的原因，并利用他的微分思想，用数学的方式来精确地表述，从而建立了他的运动定律。

　　"在动力学的概念中，力又是一个比较难理解的概念。力不是物，也不是物的性质，它是物体与物体之间的一种相互作用，作用的效果是可以使物的运动状态发生改变。所以这里的力要从动作的意义上去理解，从被作用物体运动过程的变化上去理解，从作用的结果上去理解。因此，这里的力要按动词而不是按名词去理解。

　　"从 1684 年到 1687 年，牛顿致力于撰写他的主要著作《自然哲学的数学原理》，这本书集中了牛顿之前研究的所有数学与力学成就，此书在科学史上具有划时代的意义。

　　"此书在结构上分两大部分。第一部分是运动的基本定理和定律；第二部分是基本定律的作用。我们熟知的牛顿的三个定律就在第一部分中。其中最重要的是第二定律，原文是这样表述的——物体运动的改变量与它所受的力成正比，并沿力的作用方向发生。这是经典力学中核心的一句话，如果一位中学生能正确地理解、运用这句还不到 30 个字的话，那他的力学成绩一定不会差。第三定律是说，作用力和反作用力永远成对出现，只要一个物体施力于另一个物体，则两物体都受到力的作用，且此两力大小相等，方向相反。

"《自然哲学的数学原理》以三大运动定律和万有引力定律作为基础，建立了完美的力学理论体系，解释了当时人们所观察到的大量物体的运动现象。《自然哲学的数学原理》阐述的万有引力定律，是说任何两个物体之间都存在相互吸引的作用力，以至于'在地球上摘一朵花，就移动了最远的星球。'这个力是如此的神奇，把宇宙间所有物体之间的相互作用都联系并统一了起来，而相互作用的形式又是如此地简洁而优美，这是人类提出的第一个具有普遍意义的自然规律，而这个规律的出现，带给人类既久远又深刻的思考。

"《自然哲学的数学原理》在超过两个世纪的时间里定义了什么是'物理学'，而且至今仍然在指导着我们生活和生产。"

W 教授又说："在牛顿晚年的自述中，或是在《自然哲学的数学原理》第三版主编彭伯顿的《哲学解释》的序言中，或是在启蒙运动中伟大的思想家伏尔泰那本著名的《牛顿哲学原理》中，抑或是在牛顿的同乡也是他的传记作者斯图克利的回忆中，都提到了牛顿对引力思考的一个生动的故事：1666 年，他在伍尔索普镇躲避瘟疫，有一次他独坐在花园里，忽然看到一个苹果从树上掉了下来，他吃了一惊，同时便沉浸在对引力的思索中。沉思中他推想，也许离地心很远很远的地方，引力也始终存在，这种力

一直延伸到月球，月球的运动也受引力的影响，甚至很可能这个力就是维持它在轨道上运行的原因。

"如此看来，苹果落地的故事，是依据与牛顿同时代人的文字记载，这就很难否定这个故事的真实性。"

W教授又说："苹果落地的故事，是值得人们去回味的，虽然苹果与月球的运动情形不一样，但牛顿想到它们受到的地球引力都是一样的，是指向地心的。这是一般人很难想到的，苹果落地与遥远天宇中的月球运行都是地球引力的作用而引起的，这简直是不可思议的事情。

"剑桥大学三一学院前至今还保存着牛顿苹果树。

"无论是地表物体的运动，还是天空中月球、行星、彗星等天体的运动，它们都遵循万有引力定律，这一发现也否定了亚里士多德所信奉的天界与地界的运动是由不同规律来支配的陈旧观念。

"从20世纪50年代开始，人类的足迹就开始踏入太空。在过去的岁月中，人类足迹一次又一次地踏入太空又返回地面，这些伟大的壮举所用到的关键公式，就是17世纪的牛顿所构造的。

"牛顿发现引力，这是一件很了不起的事情。引力是宇宙间最伟大的创造者。正是因为引力的存在，宇宙中弥散着的气体才能聚积起来构成恒星和行星。恒星的内部由于引力的作用，中心能达到百万摄氏度的高温，在如此高温下原子间的猛烈撞击，把它们身边的电子都给'撞跑了'，成为大量裸原子核与电子组成的气体，引力的持续作用，又加剧了原子核之间的撞击，使裸原子核有时会粘在一起，产生核聚变，释放大量的能量，点燃了自己，也照亮了它的世界，并形成了一个长期稳定的时期，进而生命出

剑桥大学的苹果树

现了，演化出我们人类。因此可以说——我们来自宇宙，我们被引力创造。

"牛顿在自然科学方面为人类做出了重大贡献。1727 年 3 月 20 日，牛顿逝世，与其他杰出的英国人那样，他被安葬在西敏寺教堂。1942 年，爱因斯坦为纪念牛顿出生 300 周年而写的文章，对牛顿的一生做了如下的评价，'因为像他这样一个人，只有把他的一生看作为寻求永恒真理而斗争的舞台上的一幕，才能理解他。'

"牛顿从事研究的动机是什么呢？那就是牛顿的宗教信仰，谈牛顿就不能不谈他的上帝思想。牛顿信仰唯意志论的上帝，在他的精神世界里不允许单凭理性来认识这个世界，人们认识世界的唯一方法就是经验，小心翼翼地获取经验后，通过归纳总结来揣

摩这个世界的规律。比如，炼金术实验、圣经年代学研究、光学实验、计算离心力公式，等等。

"在牛顿的世界里，宇宙的一半是机械的，另一半是微妙的。《自然哲学的数学原理》一书可以解释机械的部分，炼金术则可以解释微妙的部分。但无论是机械的还是微妙的，归根到底都是由上帝解释的。从他的信仰到做法，我们就可以理解牛顿为什么一辈子都像魔法师一样在玩炼金术、研究圣经年代学、小心翼翼地做实验与计算。好了，我就说这些吧！"

W 教授的发言结束了。大家还沉浸在这次难忘的采访中。

H 学生开始发言了，他的发言活跃了舱内的气氛。

他说："牛顿在日常的生活中，还有些趣事，也顺便在此提一下。他把手表当鸡蛋煮，为家里大猫和小猫的进出，居然开了两个洞等趣事。据说，牛顿在研究时是非常专心的，本来要去饭厅吃饭，却糊里糊涂走到了大街上，突然又停了下来，发现自己刚才写的东西有问题，就立即返回书房，把吃饭的事儿都忘记了。他偶尔还会站在桌子边写些什么，甚至没有时间拉一把椅子坐下来。

"他建立了自己的实验室，也是剑桥大学的第一个实验室，有时他也会做一些异乎寻常的实验，比如，他会把一根粗大的缝衣针插进眼窝，然后在眼睛和尽可能接近眼睛后部的骨头之间磨蹭，其目的是看看会有什么事发生。结果还好，没有发生不好的后果，更没有形成永久性的损害。另一次，他瞪大眼睛望着太阳，并坚持一直望下去，看能坚持多久，以便能知道这对他的眼力会产生什么影响，虽然没有造成严重的损害，但他不得不在暗室里待了几天，等待眼睛恢复正常。"

P 学生接着说："万有引力定律还告诉了我们一个有趣的小事实，你可以不用节食或运动，只要离开地面约 6400 千米——地球平均半径的距离，你的体重就只有通常值的四分之一；或者让地球的质量减半，你的体重也会减半。这些方法，不一定能够起到减肥的作用，因为你的质量并不会发生变化。"

谈笑间，又回到了我们的大本营——北京。我们准备休整几天，再进行下一个行程。

　地球与月球之间的引力

$$F = G\frac{m_1 m_2}{r^2}$$

注：为便于理解，图中的地月半径与地月距离比被大幅夸大

采访对象：亨利·卡文迪什

采访时间：1799 年春

采访地点：伦敦 卡文迪什的住所

　　我们一行 3 人进入 F 机后，设定了飞行的目的地，飞行就开始了。

　　H 学生就这次的采访对象亨利·卡文迪什给大家做了介绍。他说："他是继牛顿之后英国又一位伟大的科学家。他孤僻而古怪，后世记录了他许多有意思的故事。

　　"他是近代科学史上的一位传奇人物，生于 1731 年 10 月 10 日，终身未婚。他有一种近乎病态的腼腆，从不接待陌生人，与任何人接触都使他感到局促不安，尤其回避女士，连女佣都不能与他见面，需要她干什么，就写在纸条上，留在大厅的桌子上。他对任何形式的音乐或艺术都不感兴趣，所有的时间都在自己豪宅的私人实验室里做物理与化学实验。

　　"他是英国的一位贵族，父母留给他许多钱，于是他就把自家的一座房子改造成了一个大实验室，以便不受干扰地探索电、热、引力、气体及任何与物质性质相关的世界。人们都说，'在他那个时代，最有才学的人中，最有钱的是他；在最有钱的人中，最有才学的也是他。'

　　"在他一生中（享年 79 岁），他仅发表了少量不是很重要的论文。但在他去世后，人们从他的银行账户中发现了 100 万英镑，还在他的实验室里发现了 20 包学术笔记。约百年后，这些手稿才被陆续发表。

"卡文迪什只是一味地搞研究，从不发表自己的成果及由此带来的荣誉。他被认为是氢气的发现者，懂得如何用酸与金属作用而产生氢气，他还证明了氢气燃烧能生成水。

"他在 18 世纪 70 年代所做的电学贡献直到半个世纪后才被发现。在他 1777 年所写的论文中，几乎与库仑同时提出了电荷之间作用的平方反比定律。他还在实验中发现，一个金属球壳带电后，所有的电荷是均匀地分布在球体的表面，而球腔中没有任何电的作用。他在化学上的研究成果甚至能与拉瓦锡媲美。他测量了两个小球之间微弱的引力，找到了万有引力常数 G，计算出了地球的精确质量。他无疑是有史以来最伟大的实验物理学家之一。"

H 学生又说："正因为如此，我们开始联系这次访问时，就有些担心，怕这次采访由于被访问者的'腼腆'而被拒绝，但通过协

卡文迪什

商，对方可以接受这次访问，主要是出于卡文迪什本人的好奇，他也想了解一下几个世纪后的人们对他及他的工作会有怎样的看法。"

F机就停在他的住宅附近。出舱后，我们走近了他的住宅。

这是一座建筑精美的大房子，不一会儿，在他的住宅前我们就见到了被采访者卡文迪什先生。他有着宽阔的额头、明亮的眼睛，穿一件褪色的天鹅绒大衣，戴一顶黑色的三角帽。他见到我们略显羞涩、腼腆，像是在沉思着什么。

他领着我们走进了他的大房子，途中路过不少化学和物理实验室。我们跟着他走进了一间接待室，这里窗明几净，一尘不染，

伦敦泰晤士河边的大本钟

中间摆放着几张桌椅，大家就座后，我们的访问就开始了。

P 学生首先发言，很有礼貌地对他说："尊敬的卡文迪什先生，我们这次采访的目的是想了解一下，你是如何测得如此精确的万有引力常数 G 值的？"

卡文迪什说："大约在 16 年前，我遇到了地质学家和天文学家约翰·米歇尔，他是一位学识渊博、精于实验的科学家，我非常尊敬他。他比我大 7 岁，他在天文学、地质学、光学和引力学等领域提出了许多开创性见解，比如，他首先提出了地震波的概念，对磁场和引力都进行了大量创造性的研究。

"在他的这些成就中，对我影响最大的，就是他设计制作了一台能够用于测量地球质量的扭秤，遗憾的是他未能完成这项工作便去世了。后来，约翰·米歇尔的扭秤辗转到了我的手上，我对它进行了改进，进而测得了 G 值。

"引力能使地球表面的物体坠落，使月球绕地球运行，使地球绕着太阳转，由此人们的通常想法应该是这一定是一种很大的力，其实不然，引力是一个很小的力。这个力只对质量庞大的天体才显示出强大的威力，而在常见的物体之间引力是微弱的。"

他顺手拿起了两个铁球说："我手里拿的这两个铁球有分量，我会感到它的重力，那是因为地球的质量很大，对它们的引力大。而这两个铁球之间的引力是很微弱的，大约只有这个铁球重力的百亿分之一。"

他接着说："我做的事情，就是在实验室里测量一般物体之间微弱的引力究竟有多大，从而计算出牛顿万有引力公式中的常数 G。如果得到了精确的 G 值，再根据地球对某物的引力就是重力，利用万有引力公式，也就容易算出地球的精确质量了，当然也就能容易算出地球的密度。

" G 值的测量，其原理简单且明确，但要做好这个实验是相当困难的。因为要精确地测得这个极微小的力，任何细微的干扰都可能会影响测量的结果。

"我是在前年夏末才把注意力投向了前辈留给我的这几箱设备上，并开始了这项测量工作。这套设备是由质量较大的球、质量较小的球、砝码、摆锤、轴和石英丝等组成的。实验的装置大致是这样的——质量较小的球分别固定在一根横杆的两端。横杆的中间用一根韧性很好的石英丝悬吊在高处的支架上，在石英丝上的合适位置黏结一面小镜子，用一束细而强的光束投射到镜面上，光束被反射到一个较远的地方，待横杆稳定后，标记好这个反射光点的位置（见下图）。

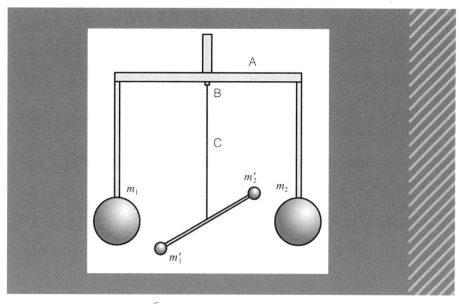

🔍 测量 G 值示意图

"再把两个质量较大的球分别放置在两个质量较小的球的前面和后面，由于引力作用，两球间的引力就会使石英丝有微小的扭转，这也是把这个实验称作扭秤实验的缘由。这个微小扭转会使光束在远处的反射点移动较大的距离。这是这个实验的关键，将微弱的变化扩大，将不易被观察到的微小量转化为容易观察到的有显著变化的较大的量。开始前，已测试并制作了石英丝扭转的角度与受力的关系图表，现在，只要测得石英丝被引力扭转的角度，

就可以从图表中查得引力的大小。大球和小球的质量容易直接测得，这样利用万有引力定律公式就可反推出万有引力常数 G 的值。

"在这个实验中，由于引力极其微小，因此实验环境不能有哪怕非常微弱的干扰，比如，气流、尘埃等。为了避免可能带来的扰动，我只能在旁边的屋子里，用望远镜通过一个小孔来进行观测。"

他用手指着右壁墙上的小孔，又开始了他的讲解。他说："这是一件极不容易完成的工作，我花了近一年的时间，前后大约做了几十次实验，后经过不断地改进，才完成了这个实验，得到一个较为可靠的数据，测得的 G 值为

$$6.754 \times 10^{-11} \text{ 米}^3 \text{ 千克}^{-1} \text{ 秒}^{-2}$$

"去年，英国皇家协会会刊《哲学》发表了我写的题为《地球密度的实验确定》的论文。在此文中，我较为全面地介绍了如何使用扭秤在实验室测得两物体之间的万有引力，并得到 G 值，从而算得了地球的平均密度是 5.448 克 / 厘米 ^{3}。这就是我测量 G 值的大致过程。"

他非常投入的讲述使我们都入了神，他讲完后，实验室里一片寂静。

过了一会儿，卡文迪什也向我们提出了两个问题。

他说："听仆人介绍，你们生活在 22 世纪，是乘坐时间机器飞越过来的。在这三百多年里，测量技术一定有了很大的进步，我很想知道你们的时代测到的 G 值是多少。"

W 教授说："尊敬的卡文迪什先生，你测量的 G 值精度，在后续近百年的时间里无人超越。随着技术的发展，G 值的测量也日趋精确。到 2023 年，根据中国引力物理学家罗俊等的最新测量结

果，国际天文学联合会建议 G 值为

$$G = 6.67430 \times 10^{-11} \text{ 米}^3 \text{ 千克}^{-1} \text{ 秒}^{-2},$$

与你的测量值相比，误差还不足 1%。"

W 教授接着说："我们还想告诉你一件事，现在，剑桥大学有一个非常有名的卡文迪什实验室，就是以你的大名命名的。它大概是你离世 60 年后才开始建造的，到 1874 年建成。建造的经费是由当时剑桥大学的校长威廉·卡文迪什私人捐款，他是你们家族的后人。从始建到建成，都是由麦克斯韦负责的，他也因此成为这个实验室的第一任主任。

"说起麦克斯韦，他刚好比你小 100 岁，在物理世界里，他可是鼎鼎大名的电磁学之父。他还整理了你当年留下的大量文稿，发现有些已经归功于别人的成就，其实你早年就发现了。比如，能量守恒定律、欧姆定律、气体分压定律、查理定律等。

"这个实验室培养了大量的人才，他们发现了电子、质子、中子，打开了原子核，开启了核物理研究的时代。这个实验室共出现过数十位诺贝尔奖得主，人们都说这里是诺贝尔奖的摇篮。可以说，在整个 20 世纪，物理学中大量的发现都来自这个实验室，对近代物理学的发展起到了至关重要的作用。"

听完这些，卡文迪什什么也没有说，只是露出了一丝欣慰的微笑。

最后，卡文迪什先生领着我们参观了他的实验室，重点参观了测量 G 值的实验室，还不时地讲述他当时做实验的情况。

采访就这样结束了，我们与卡文迪什先生道别后，大家总感觉有些意犹未尽。

热力学

- 采访对象：萨迪·卡诺
- 采访时间：1826 年
- 采访地点：巴黎城区的一座老宅

采访完力学世界的五大家后，我们三人各自回家，处理了个人的一些事务，同时也为接下来的热力学采访做了些功课。另外，又请专业人员对 F 机做了全面的检修。

我们做好这些准备工作后，就要飞向热力学采访的第一站——巴黎，时间是 19 世纪 20 年代。

我们一行三人登上了 F 机，设定了飞行的目标，飞行就开始了。

H 学生首先做了介绍。他说："在热力学世界没有出现像牛顿那样的突出人物，因为热力学理论的建立是好几位物理学家各自努力，并逐步使理论达到完备的过程，这个过程经历了一个多世纪。我们今天要采访的是热力学第一人，是他的努力奠定了热力学研究的基础。

"18 世纪，科学界倾向于把一种现象想象成与一种物质相关，人们认为热是一种物质，称作热质。热质是像液体一样的物质，它不生不灭，渗透在一切物体中。一个物体的冷或热是由它所含热质的多少来决定的。

"热质总会从热的物体流到冷的物体，直到两个物体的温度一样，一个物体增加的热质，也正好是另一个物体失去的热质，比如，把冰和水放在一起，水的热质减少了，流到了冰里，水变冷了，而冰增加了热质，融化了。

"1798 年，英国物理学家 C. 伦福德（Count Rumford, 1753—1814）把一个炮筒固定在水中，用马拉动钝钻使其与炮筒的壁发生摩擦，在几乎没有产生金属碎屑的情况下，水却沸腾了。这意味着这里生出了大量的热，但它们是从哪里来的呢？开始时，钝钻与炮筒是等温的，因此并不存在高温物体向低温物体的热质流动，只是由于钝钻对炮筒壁的运动，大量的热就产生了，由此可见，热只能是不同物体之间的相互摩擦运动而生成的。

"1799 年，21 岁的英国化学家 H. 戴维（Humphrey Daug, 1778—1829）设置了一个与周围环境隔离的容器，利用钟表器件使容器里的两块冰相互摩擦，不久冰就融化为水。在这个过程中，多出的使冰块融化的热量，显然用热质说无法解释，只能认为是两块冰之间的相互摩擦产生了热，戴维因此断言，'热质说不能成立''热现象的直接原因应当是运动'。

"C. 伦福德与 H. 戴维的实验是令人信服的，他们否定了热质说，支持了热是运动的看法。尽管如此，直到 19 世纪 20 年代，一些学者仍然没有放弃热质说，并且还运用热质说取得了重要成就，我们今天要采访的卡诺，就是基于热质守恒的思想，建立了卡诺定理。可以说，到 19 世纪 40 年代末，热质说在热力学研究中一直发挥着作用，直到焦耳精确地测量热功当量之后，才最终证明热质说是错误的。"

H学生又说："卡诺出生于一个科学与政治世家，其父亲不仅是一位政治家，而且是一位科学家，在数学、物理学上都做了一定的工作，这对卡诺产生了影响。

"卡诺16岁进入巴黎国立工艺美术学院学习，师从安培、泊松和阿拉戈等著名学者，受到了良好的教育。1814年毕业后，卡诺进入工兵学校，成了一名法国青年工程师。"

不知不觉间，一个多小时就过去了，我们也到了目的地。

这儿是巴黎老城区的一所住宅，房子虽然有了些年头，但仍具有宏大的气势。知道我们来了，卡诺迎了上来，他三十上下的年纪，短发长脸，高挑的身材，英俊的脸庞，透着一种军人的英

卡诺

武。他把我们引进了他的工作室，是一个明亮、宽大的房间。

我们相互做了些简单的介绍后，采访就开始了。

P 学生首先开口，说道："尊敬的卡诺先生，感谢你对我们的接待！你在前 2 年发表了名作《关于火的动力和发动这种动力的机器》，它从理论上设计了一种理想且完善的热机，对后世热学的发展产生了重要影响，你能否为我们介绍一下这本书的主要思想呢？"

卡诺答道："好的，下面我就来说一下关于这本书的情况。18 世纪，蒸汽机发明以后，它在工业和交通运输中扮演了重要角色。因此，如何提高蒸汽机的效率成为科学家和工程师共同关心的问题。

"我大概是在 10 年前就开始潜心于蒸汽机的研究，我走访了许多工厂，发现这类机器效率都很低，成了当时工业上的一个难题。我想对这道难题认真研究一下，争取找到它的答案。

"当时的情况大致是这样的，许多人都知道如何制造和使用热机（包括蒸汽机），也有人从热机的适用性、燃料、工作物质等方面进行各种实验，并且一直在进行改良，但如何建立一个关于热机的理论却很少有人提及，改良工作也十分随意。

"为了解决这几个突出的问题，我没有研究个别的热机，而是想找到一台理想的热机，试图将其作为研究一般热机的标准，并以最普遍的形式去研究热机的效率问题。

"我主要考虑热的效率是否存在一个极限。在热机的改良上，是否存在一个通过任何手段都无法超越的由事物的本性所决定的极限？在产生热的动力方面，是否存在比水蒸气更好的工作物质，比如，空气在这一方面是否存在优势？

"我这里所说的'由事物的本身就决定的极限'，指的是与热

机采用什么样的结构、采用什么样的工作物质是无关的，而是一般意义上由自然的本性所规定的某种极限，也就是任何热机都无法超越的理论上的极限。

"我用水下落产生的动力驱动机械与热机的效率进行类比。无论这个机械的结构如何，从水下落中获得的动力都无法超过由落差和流量所确定的最大值，这是由力学原理所决定的。在热机中，也应当存在这样的原理，而且没有任何热机能够超越由这个原理决定的极限。

"我的这台理想热机是忽略摩擦和能量流失等外部因素（散热、漏气）的蒸汽机，工作物质只接触两个热源，一个是高温热源供给热量，一个是低温热源吸收热量，只有这样才能将高温热源的热量不断地转化为有用的机械功，我把热的动力比喻为瀑布的动力。如果瀑布的动力依赖于它的水量与高度，那么，蒸汽机的动力就依赖于热质的量的大小和下落的高度——交换热质的物体之间的温差。在这个过程中，热质的总量（即瀑布的水量）是不会变的，即高温物体放出的热量与低温物体吸收的热量应当是一样的。这就是说热机必须在高温热源与低温热源之间工作，而且两个热源之间的温差是热机能做多少功的关键。

"由这个分析，我得到了一个重要结论——热机的效率决定于机器两端热源的温度，若高温热源温度为 T_1，低温热源温度为 T_2，其效率为

$$\eta = 1 - T_2/T_1$$

"从这个公式（T_1 和 T_2 分别为高温和低温热源的绝对温度）可以看到，热机必须在两个热源之间工作，其效率只与两个热源

的温差相关，而与其他因素无关，从这个公式可以看到，为了达到最大效率，高温热源的温度越高越好，而低温热源的温度越低越好，即二者的温差越大越好。

"在我的这本书中，阐述的就是利用热去做功的问题，讨论了热量转化为功的效率。这使我认识到热就是一种能量，它推动活塞做功，但热量是不可能完全转化为功的，转化的效率不会超出上面的公式给出的结果，这与是什么结构的热机和用什么样的工作物质均无关。"

卡诺清晰地回答了我们的问题。他也知道我们来自三百多年后的世界，是乘坐一架被称作时间机器的交通工具飞来的。他微笑着，向我们提出了一个问题：他想听一听后人是如何看待他的工作的。

H 学生站起来，回答道："尊敬的卡诺先生，你的著作是一个理论成果，对提高热机的效率并没有起到立竿见影的指导效果，也没有产生直接效果。因此，在当时，并没有引起人们太大的关注。你离世两年后，《关于火的动力和发动这种动力的机器》这本书才遇到了一位认真的读者——法国物理学家克拉珀龙（Benoit Pierre Emile Clapeyron，1799—1864）。

"克拉珀龙也是你的校友，只比你低几个年级，是你的师弟。他认真研读你的著作，并把你的理论进行了补充和完善，把你仅用文字描述的理论总结成数学公式，为理论的进一步发展创造了条件。1834 年，克拉珀龙在学院出版的杂志上发表了一篇题为《论热的动力》的论文，全面诠释了你的理想热机的循环过程——被后人称作'卡诺循环'，但当时仍然未能引起学术界的关注。

"又过了 10 年，英国青年物理学家开尔文在法国学习时，偶然读到了克拉珀龙的文章，才知道有卡诺热机理论。然而，他找遍了各个图书馆和书店，都无法找到你在 1824 年写的书。直到 1849 年，才找到了一本盼望已久的你的著作。十余年后，德国物理学家克劳修斯也遇到了同样的困难，他只能通过克拉珀龙和开尔文的论文来熟习你的理论。他们两位都是热力学理论的主要创建者，是 19 世纪的大物理学家。他们创建的理论，应当是与你的著作直接相关的。"

H 学生接着说："这些事实表明，你的理论，虽然长期以来未能得到广泛的传播，但对物理界的影响是深远的。另外，你写下的大量尚未发表的遗稿，因你由于霍乱而离世，后人害怕被传染，你的随身物件，包括你的著作、手稿等，都被焚烧，但有 21 篇论文被你的弟弟保留了下来。其中，1830 年的一份手稿中写道——人们可以由此提出一个普遍的命题——动力或能量是自然界中一个不变的量，或者说它既不能产生也不能消灭。这个见解可以说是发现了能量守恒与转化定律。遗憾的是这些手稿直到 1878 年才被整理后发表，而在此之前，能量守恒与转化定律已被别人发表了。"

听完 H 学生的发言，卡诺的脸上露出了微笑。

约定的采访时间到了，我们起身与卡诺先生道别，采访就此结束了。

登上了 F 机，W 教授就这一次的采访做了总结。他说："卡诺的理论虽然是建立在错误的热质说的基础上，但他研究热机的结论却是正确的。后来，卡诺本人也认识到热质是不存在的，在后来的研究记录中，他也彻底抛弃了'热质'一词，而改用了

'热'，热实际上是一种能量。从卡诺的工作中我们可以知道：从高温热源获得的热能，即使是一台理想的热机，也不能把热能全部用来做功，必然有一部分会耗散掉，这是热机运作过程中的一个规律；其次，卡诺指出了热机效率的界限，从本质上指出了用热能去完成机械功是一个不可逆转的过程。这在物理学中首次认真地从理论上提出了不可逆现象，打开了物理学的一扇新窗户，给物理学带来了一个新课题，为热机理论的形成和发展做出了开创性的贡献。

"热机效率公式的出现是在 1824 年，这个公式是在热能的概念还不太清楚的情况下提出的，用来阐述热机效率这个重要概念。这一概念所包含的不可逆思想，是萌生热力学第二定律的'种子'。应当说，卡诺为热力学理论的建立做了开创性的工作，因此，被后人称为'热力学之父'。"

W 教授接着说："卡诺发表他的理论时，对他的理论感兴趣、认真进行研究并在后来建立了热力学第二定律的开尔文和克劳修斯才刚刚出生。因此，在热力学第二定律的建立中，卡诺无疑是一位思想超前的先行者，令人扼腕的是因霍乱肆虐，他 36 岁英年早逝，而他的工作已足以让他在科学史上留名。"

采访对象：尤利乌斯·罗伯特·迈尔

采访时间：1872 年

采访地点：德国符腾堡 海尔布隆 迈尔家

　　离开巴黎之后，我们的下一个采访对象是德国医生、化学家和物理学家迈尔。他是首先提出能量交换与守恒定律完整思想的人，而他的一生几乎都在为证明这个观点的正确性而不懈努力。能量守恒定律在物理学中，乃至整个自然科学中都有重要的价值，是人类认识自然界获得的一个重要规律，在物理学的发展中有着至关重要的作用。因此，我们决定要采访这位物理学家。

　　采访目标确定后，我们做了些准备，就向着热力学的第二站——德国符腾堡海尔布隆出发，向过去飞行的时间是 19 世纪 70 年代初。

　　我们一行三人登上 F 机，设定了目的地，飞行就开始了。

　　H 学生对迈尔的情况做了介绍。他说："迈尔先生于 1814 年 11 月 25 日生于德国符腾堡的海尔布隆，他的父亲是个药店主。迈尔于 1832 年进入蒂宾根大学医学系，1838 年获得博士学位，一生主要的工作是行医。然而，他对能量问题却情有独钟，这也成了他一生的爱好与追求。

　　"19 世纪，能量守恒与细胞学说、进化论被合称为自然科学的三大发现。而能量守恒定律的首次公开提出者，就是我们今天要采访的迈尔先生。"

迈尔

飞行了没有多长时间，我们就到达了目的地。出舱后不久，我们就看到了迈尔先生。他从远处向我们走来，见面后热情地与我们握手。他与我们事先在视频上看到的样子差不多，只是人显得有些苍老。

他四方大脸，五官端庄，目光深邃，虽然还不到 60 岁，但岁月的沧桑已经在他身上留下了深深的印记，但这些痕迹却掩饰不住他作为一位科学家所应有的气质。

他已知道我们的来意，热情地引导我们到他家的客厅，大家落座后，采访就开始了。

P 学生首先发言，他说："尊敬的迈尔先生，听说你对能量转换和守恒定律的思考，是从一次远航开始的，希望你能介绍一下相关的情况。"

迈尔答道："好的，那是 1840 年 2 月，我 26 岁，刚参加工作不久就接到一个做随船医生的远航任务。怀揣着年轻人的好奇，我欣然接受了这次远航任务。这次航行是乘一艘荷兰东印度公司的船，从荷兰鹿特丹启航，驶往东印度。当我们航行到热带地区的东爪哇时，船上有些船员生病了。给他们治病时，我惊讶地发现病人的静脉血比我在欧洲看到的静脉血更显鲜红。

"当时，大家普遍知道法国化学家拉瓦锡的燃烧理论，该理论认为人体获取食物后，食物会像蜡烛那样燃烧，以维持人体生命的各项活动。由此，我提出了这样的看法，肺的功能就是吸进含氧的新鲜空气，而流经肺叶的血液则因为获得氧气而变成鲜红色。在热带高温的情况下，由于天气炎热，人体只需燃烧少量的食物就可以维持生命活动了。这时人体内食物燃烧的过程相对较弱，氧的消耗量就小，静脉血液中就会剩余更多的氧，因此静脉血液的颜色就显得更加鲜红了。

"这样的看法激发了我对能量问题的兴趣。我认为就是食物在人体内燃烧产生的化学能转化成人运动的机械能，从而维持了人的体温。

"当时，我还多次听船员们说，暴风雨来临时海水会比较热，这使我想到是不是因为狂风吹打了海水，才使得海水温度升高的。因此我推想，来回晃动容器中的水，就可以使容器中的水温升高，这是'晃动者'消耗的机械能使得容器中的水获得了热能，那么这两者之间是否存在某种等量的变换关系呢？产生的这个不太成熟的看法与推测，让我的心久久不能安放。"

迈尔停顿了一下，接着说："1841 年 2 月，这场为期不到一年的远航就结束了。我回到家乡海尔布隆后，大多数的时间仍然在行医，但一有空暇，我就继续对能量问题进行思考，并逐渐形成了一种看法——不同的能量之间是可以进行相互转换的，且这样的转换一定存在着某种量的确定关系，我想找出这种关系来。然而，当时我的物理学知识还很欠缺，如何做出对这一看法的定量表述，对我来说是一道难题。

"通过几个月的学习与思考，到了 1841 年夏天，我把之前的想法整理成一篇论文，这是我写的关于这个问题的第一篇论文，题目是《论热的量和质的测定》。

"这里要说明一下，这篇文章中所说的'力'就是'能量'。因为在当时，人们对力与能量这两个概念还没有清晰的定义，那时大量的文献中提到的力就是能量。

"我在这篇论文中，首先指出自然科学的任务是利用因果关系来解释无机世界和有机世界中的各种现象，一切现象都在变化，而变化不可能没有原因，一种原因就是能量。文中又指出，'力是不灭的''力在量上是不变的'。我还用质量和速度的乘积（mv）来表示运动的力。我于 1841 年 6 月把这篇论文投给了《物理学与化学杂志》，杂志的编辑认为，我的观点过于新颖又缺乏实验支持，不易被人们接受，而且用质量和速度的乘积来表示'运动的力'，也似有不妥，因此，这篇论文没有被发表。

"我并没有气馁，继续学习与思考，又写出一篇名为《论无机界的力》的论文。这篇论文于 1842 年 3 月在《化学与药学杂志》发表，这也是我公开发表的第一篇论文。在这篇论文中，我对物理、化学过程中力的守恒问题做了深入分析，提出了'力是

不灭的、可转换的'的著名命题，得出了下落力、运动力和热力之间可相互转换，并可互为'当量'的重要结论。我还证明了落体'力'可以转化为运动'力'，并用质量乘速度的二次方的积来表示运动'力'的大小。针对这篇论文的内容，我还做了下面的实验——用一块与水温相同的金属块，让其从高处落入水槽中，发现水槽中的水温上升了；如果我再长时间用力搅动水槽中的水，水温也会升高。

"当然这些实验开始都只是定性的，后来，我开始进行定量测量，看用多少机械功能获得多少热量。经过计算，我初步得出的热功当量是：1克水从0℃到1℃时所吸收的热量等于相同质量的水下降365米所做的功。"

迈尔接着说："对能量的交换与守恒的观点，我一直想建立一个普遍的能量守恒理论，并把能量守恒的概念推广到有生命的世界。因此，我于1845年又写了《论有机体的运动及它们与新陈代谢的关系——一篇有关自然科学的论文》。该文长达112页，在论文中，我提出了'已有的东西在量上的不变性是一条最高的自然法则，它同样适用于力和物质'，我还做了25个实验，具体考查了'下落力''运动力''热力''电磁力'和'化学力'之间相互转化的过程。在此论文中，我也解释了1840年在东爪哇发现的'血红'现象，同时对动物热做了深入的探讨，我认为食物的氧化是动物热的唯一来源，并用化学作用解释生物力的来源，我的这些看法，也标志着生物的有些问题也是可以用物理学的知识来解释的。

"我把这篇论文又寄给了《化学与药学杂志》，虽未能发表，但我觉得这篇论文把能量守恒的观点扩大到了更普遍的范围，而且具有足够的理由，这也更加坚定了我对能量转换和守恒的看法。我觉得此文有价值，应当让其存留于世，引起世人关注。因此，我在我的家乡海尔布隆自费出版了这本书，但令人遗憾的是该书仍然没有引起学界的重视。"

迈尔停顿了一会儿，又开始了他的演讲："由于学界对我1845年的论文反应冷淡，我也受到一些人的奚落、嘲笑。我感到空前的孤独、沮丧与苦恼，总是无法排遣被人歧视的痛苦，而且就在那个时期，我的3个孩子于1846年和1848年相继去世，让我在精神上受到很大刺激，这使我严重失眠，整宿不能入睡，最终导致我的精神全面崩溃。

"记得是1850年5月，我深感再也没有活下去的必要了，想到了多种了却此生的做法。最终，我选择了跳楼。我清楚地记得，那是一个漆黑寂静的夜晚，我从一幢临街的二层楼跳了下去，想就此一跃，了却余生，结果未遂，但神志已不清。我被送进了疯人院，自此隐退科学界十余年。

"1854年，我国著名的生理学家、物理学家 H.von 亥姆霍兹（Hermann vonHelmholtz 1821—1894）在一次演讲中，提到了我应当是能量守恒原理的奠基人之一，并提到我比焦耳等人更早地提出了这个发现。由此，我的声誉得到了恢复。1858年，我幸运地被聘为巴塞尔自然科学院的荣誉院士，克劳修斯也尊敬地推崇我是能量守恒定律的奠基人。

"最终，我迎来了迟到近三十年的阳光与鲜花，并获得了诸多荣誉。可以说，我的余生比我预期的要好得多。回顾我的一生，

虽然经历了磨难，但此生还是值得的。"

预约的一个多小时的采访很快就结束了。

迈尔与我们热情地握手，他的讲演似乎触动到了他的心灵深处，显得有些激动。

告别了迈尔之后，我们又登上了F机，W教授对这一次访问做了小结，他说："正是1842年3月的这篇论文，表明了迈尔是历史上第一个公开提出能量守恒假说并推算出热功当量的人。这篇论文第一次指出了不同能量之间是可以转换的，而且这样的转换是可以进行定量计算的。他算得的热功当量的值，1卡等于3.58焦耳，虽然这个值与正确值4.18焦耳略有差距，但在当时，取得这个值已是很不容易的进步。现代史学家认为这是人类第一次找到的当量值，是具有划时代意义的事情。但由于这篇论文不是发表在专业的物理学刊物上，并没有引起学界的关注，以至于后来焦耳等人又独立地提出了能量守恒的假说。

"迈尔的一生给了我们很多的启示。

"首先，迈尔通过热带地区静脉血液呈红色的生理现象想到了能量的转化和守恒问题，而且始终不放弃，终于找到了一个正确的结果，在人类历史上首次提出了能量转化与守恒的观点，第一次提出了热功当量的值。

"其次，他是第一个将能量转化概念应用于生物学现象的人，这标志着新的学科——生物物理学的开始。不过，由于理论猜测成分较多，精确的实验论证较少，这对以实验为基础的物理学科来说，说服力不强，这就使这个观念长时间得不到学界的认可。尽管如此，谁也不能否认，他对能量问题研究的热爱与执着，值得我们学习。

"1862 年，英国皇家研究会举办了一次迈尔专场演讲会，他的工作得到了科学界的普遍认可。1871 年，迈尔晚于焦耳一年获得了英国皇家学会的科普利奖章，后来还获得蒂宾根大学荣誉哲学博士、巴伐利亚和意大利都灵科学院院士的称号。

"1878 年 3 月 20 日，迈尔因右臂结核感染，在他的家乡海尔布隆去世，享年 64 岁。这位寻找'能量守恒的先驱者'，虽然饱尝人生辛酸，但最终还是作为一位受人尊敬的科学家离开了人世间。"

科普利奖章（Copley Medal）

科普利奖章是英国皇家学会每年颁发的科学奖章，以奖励"在任何科学分支上的杰出成就"，由英国皇家学会于 1731 年设立。

🔖 科普利奖章

离开德国不久，我们确定的下一个采访对象是英国物理学家焦耳。他做了大量的实验，得到了精确的定律表述结果，为能量转换与守恒定律几乎付出了一生的心血。他的成果使物理世界永远也不能把他遗忘。

采访的对象确定后，我们做了些准备，就向着热力学的第三站——英国的曼彻斯特出发了，飞行的时间是 19 世纪 70 年代末。

我们一行三人登上 F 机，设定了飞行的目的地，飞行就开始了。

H 学生关于焦耳的情况做了简单的介绍。他说："物理学中有一个单位就是'焦耳'。这个单位大家一定很熟悉，但为了做好今天的采访，还是再复习一下这个单位。'焦耳'是经典力学中热和功的一个国际单位。1 焦耳就等于用 1 牛顿的力推动一个物体移动 1 米距离所做的功或消耗的能量。在电磁学中，1 焦耳则等于 1 安培电流通过 1 欧姆的电阻时在 1 秒内释放的能量。这个基本单位的命名就是为了纪念英国物理学家焦耳，也就是我们今天要采访的对象。"

H 学生接着说："焦耳 1818 年 12 月 24 日出生于英国曼彻斯特附近的索尔福德，他的父亲是一名成功的酿酒厂主人，也是一位酿酒师。焦耳自幼跟随父亲参与酿酒劳作，5岁时被发现脊椎侧弯，几次矫正后都没有明显改善，最终以失败而放弃，这让他终生不能笔直站立。正是因为这个身体缺陷，焦耳常被同学们嘲笑。父亲无奈，只好让他在家休学。1834年，焦耳16岁，在别人的介绍下，他认识了著名化学家和物理学家 J. 道尔顿（John Dalton 1766—1844）。道尔顿是科学地提出原子论的人，也是现代化学的奠基人。焦耳跟随道尔顿学习三角几何，并练习计算数学题。道尔顿认为，解数学题是训练学生专心做事的最好方法，而专心致志是科学家最基本的素养，道尔顿还强调，讲义是用来引导学生的，并不能取代学生自己的探索。正是这些教导，焦耳第一次产生了通过原创性研究来增加知识的愿望；道尔顿潜移默化的影响对焦耳的一生起到了关键的引导作用，使焦耳对科学产生了兴趣，为后来的科学实验道路奠定了基础。

"他在自家的地窖里建起了实验室，早期大多数实验就是从这里开始的，焦耳是科学史上著名的实验物理学家，与迈尔不同的是，他很少提出推测与想象，而是通过大量的实验来提出可靠的看法。"

F机显示，采访的目的地到了。下机后，我们就见到了焦耳先生。他约60岁，宽脸，高鼻，留大胡子，两眼炯炯有神，有一种虔敬不苟、严谨笃实的学者风范。

他热情地接待了我们，让我们进入了酒厂里一个他自己的实验室。这个实验室里放满了各种实验器材，有电池、电磁铁、马达、发电机和检流计，据说其中有些东西还是他自己动手制造的。

实验室的右侧有一间整洁的屋子，像是一个会议室。他领我们走进了这间屋子，入座后，采访就开始了。

P学生说："尊敬的焦耳先生，很高兴也很幸运能与你见面。我们想了解一下你当年的重要实验。"

焦耳的电流热效应

"好的。"焦耳说:"下面我把我前半生的重要工作,给大家做一个简单的介绍。"

焦耳停顿了一会儿,像是要把他的发言先在脑子里整理一下,然后才开始了他的长篇演讲:"1838 年,我开始测量用电池驱动的电动机的效率,想找到提高效率的方法。在这个实验过程中,我发现电动机中有电流流过时就会发热。1840 年,我设计了一个实验,将一段电阻丝插到盛水的容器中,再给电阻丝的两端通上电,电阻丝通电后发热,使水温升高了,这一定是电能转化为热能的结果。由水温升高的度数,就可以算出水获得的热量,再通过相应的设备也能够找到电流、电阻与通电时间之间的关系。我将实验结果写了篇论文《论伏打电池所产生的热》。

"那年 12 月,我在英国皇家学会上宣读了这篇论文,提出了电流通过导体产生的热量与电流强度的二次方、导线的电阻和通电时间成正比。后来,我在《电学年鉴》上发表了这篇论文,指出了电流的热效应,明确地提出了电能可以转化为热能的规律。四年后,俄国物理学家 H.F.E. 楞次(Heinrich Friedrich Emil Lenz 1804—1865)发表了独立的实验结果,验证了我提出的关于电流热效应结论的正确性。后来,人们就把这个定律称作焦耳-楞次定律,这个定律也就成为设计电灯和电路的主要依据。

"论文发表后,当时的科学界并不认同我的看法,不愿意接受电能可以转变为热能的事实,甚至有些人还用傲慢的态度鄙视我得到的结果,我也不知道他们的勇气是从哪里来的。我把自己的论文寄给学术泰斗 M. 法拉第,我想他一定也会成为你们采访的对象。我清楚地记得,那是 1843 年 3 月 24 日,我高兴地接到了法

拉第的回信。他回信说,'……我知道在这个领域还有许多朦胧不清之处,但你的文章如曙光破晓。我不得不说,你在自然科学这个领域做出了非常重要的贡献。'得到了大物理学家法拉第的肯定和支持,我的观点也逐渐地被英国皇家学会所认可。

"我一生中最主要的工作是测定了热与机械功之间的当量关系。1847 年,我设计了一个既直观又巧妙的实验,就是人们所说的蹼箱实验。我在隔热箱里装了水,中间安上带有叶片的转轴,然后通过滑轮和绳索让下降的重物带动叶片转动,在高处松开重物,使叶片与水相互摩擦,因此水和量热器都变热了。根据重物下降的高度 h,可算出被转化的机械功是多少,再根据隔热箱内水升高的温度,就可以算得水获得的热量,有了这两个量,就可以求得热功当量的准确值。

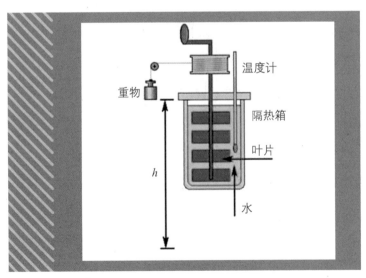

焦耳的机械能和热能转换实验装置结构图

"1847 年 5 月，我发表了论文《论物质、活力和热》，文中写道：'……不管是机械的、化学的，或是有生命的，几乎完全包括在通过空间的吸引、活力和热的相互变化之中。这就是宇宙中维持着的秩序——没有任何毁灭，未曾有任何损失……'

"我还用鲸鱼油、水银代替水来做实验，不断地改进实验方法。截至今年，我前后用各种方法共进行了四百多次实验，持续时间长达三十多年。最后得到的结论是消耗 4.154 焦耳的机械能就能得 1 卡的热能。

"经过反复实验之后，我发现无论在何处消耗机械能量，最终都会精确地得到相同的热量。这个实验为热运动和其他运动的相互转化、运动守恒等问题提供了证据，也为能量守恒定律找到了实验依据。

"还有一件事要说一下，1847 年，当时格拉斯哥大学的物理教授威廉·汤姆逊，也就是开尔文勋爵关注到我的工作。后来，他与我成了终生的合作伙伴，我负责实验，开尔文分析结果，我们联名发表了多篇学术论文。

"我经常说这样一句话——我一生的乐趣就在于不断地去探索那个未知的世界，如果我能对其有一点点的成就，那我就非常知足了。"

预约的采访时间是一个小时，说话间就到了。

我们分别与焦耳先生握手告别。告别了焦耳，我们回到了 F 机上。

大家坐定后，W 教授也对这次采访开始了他的讲话。他说：

　　"1847年，就是焦耳完成蹼箱实验的那一年，他并不知道1842年迈尔在《化学与药学年鉴》上发表的关于热功当量的论文。因此，德国物理学家亥姆霍茨明确地宣称——这个热功当量的发现权应当同时归功于迈尔和焦耳。

　　"能量守恒定律的发现，具有重大意义，它证明了自然界各种物质运动形式不仅具有多样性，也具有统一性。它打破了过去人们把热、光、电、磁、化学及生物的运动等看成彼此之间并不相关的孤立观念，为事物普遍联系的观点提供了强有力的科学依据。

　　"在热力学的框架下，能量守恒定律即热力学第一定律。其内容是——自然界的一切物质都具有能量，能量有各种不同的形式，能够从一种形式转换为另一种形式，从一个物体传递给另一个物体，在转换和传递的过程中，各种形式能量的总量保持不变。

　　"除了迈尔和焦耳，德国生理学家、物理学家亥姆霍兹从生理学问题开始对能量守恒定律进行研究。

德国邮政局发行的纪念亥姆霍兹邮票

　　1847年7月23日，焦耳先生在柏林物理学会上宣读他的论文《论力的守恒》。论文分析了化学能、机械能、电磁能等不同形式的能量转化及守恒，也对能量守恒定律做了全面清晰的论述——能量有多种存在形式，可以从一种形式转化为另一种形式，也可以从一个物体转移到另一个物体，而在转化和转移的过程中，能量的总量保持不变。

"继伽利略和牛顿之后，能量守恒定律的发现，使科学的统一又前进了一大步，并成为探索新领域的强大指导。20 世纪的一位科学史家说，'由于能量守恒定律的实际用途和它固有的意义，它可以被视为人类心智的伟大成就之一。'

"科学界称焦耳是'19 世纪最杰出的实验物理学家之一'。1850 年，焦耳凭借他在物理学上做出的贡献成为英国皇家学会院

伦敦西敏寺

焦耳铜像（曼彻斯特城郊）

士。两年后，他也接受了皇家勋章，许多外国科学院也给予他很高的荣誉。

"1889 年 10 月 11 日，焦耳在家中去世，享年 71 岁。他的遗体被埋葬在曼彻斯特城郊的一个坟场，他的墓碑上刻有数字'775.5'，这是他在 1843 年测得的热功当量值，它的单位是以磅·英尺 / 英热表示的。在伦敦最为知名的西敏寺内安放着焦耳的铭牌，那里还陈列着牛顿、法拉第、达尔文等科学家的铭牌或墓碑，焦耳的一座塑像被安置在曼彻斯特市政厅他的启蒙导师道尔顿的铜像对面，另一座矗立在他的家乡曼彻斯特城郊的一座花园内。

👤 采访对象：鲁道夫·克劳修斯

🕐 采访时间：1867 年　冬季

📍 采访地点：维尔茨堡大学

采访的对象确定后，我们向过去飞行的时间是 19 世纪 60 年代后期。我们一行三人登上 F 机，上机后设定好目的地，飞行就开始了。

在 F 机上，H 学生对这次采访做了简单的介绍。他说："我们今天要去的维尔茨堡大学，是一所古老的大学，始建于 1402 年，距今已有六百多年的历史，是德国继海德堡大学、科隆大学、埃尔福特大学之后建立的第四所大学，也是一所世界名校。截至 2017 年，该校共有 14 名诺贝尔奖得主。全世界第一位诺贝尔物理学奖得主伦琴，就在该校的物理研究所发现了 X 射线。

"顺便说一下，维尔茨堡大学与我国最早的大学——北洋大学（建于 1895 年）相比，创办时间早了近 500 年。

"该校有许多历史悠久的建筑，其中有一座教学楼属历史遗迹，被列入联合国教科文组织世界遗产名录。校园内还有不少现代结构的建筑，比如，艺术中心、计算机大楼、科技大楼等。这些楼群构成了古典建筑与现代建筑的和谐共存，给人一种特殊的美感。

"再说一下我们今天采访的克劳修斯教授，他是德国物理学家，热力学的奠基人之一。他于 1822 年 1 月 2 日生于普鲁士克斯

林（今波兰科沙林）的一个知识分子家庭。1840 年进入柏林大学。1847 年在哈雷大学主修数学和物理学的哲学博士学位。从 1850 年起，他先后任柏林帝国炮兵工程学校和柏林大学副教授、苏黎世工业大学教授、玻恩大学教授。他是 1867 年才到维尔茨堡大学任教的。

不知不觉间，我们就到达了目的地。

克劳修斯

　　因为事先有预约，克劳修斯在物理楼前热情地迎接了我们。他看上去只有 40 出头的年纪，眉目清朗，鼻子坚挺，目光犀利，从耳朵到下巴绕有大半圈的浓密胡须，透着大家风范。

　　"欢迎你们从新世界飞到了我这儿，我一直在期待你们的来访。"

　　他一边说着，一边高兴地把我们引进了他的办公室。大家落座后，我们的采访就开始了。

　　P 学生首先发言，他说："尊敬的克劳修斯教授，你当年的工作，对后世的影响很大，你能否给我们讲一讲你当年关于热力学的工作及你的一些看法呢？"

　　克劳修斯说："好的，我有价值的工作应当是从 1850 年开始的，就是从提出了热力学第二定律开始的。那年我 28 岁，记得那年 6 月，我向柏林科学院送交了一篇论文，题目是《论热的动力及由此推出的热学诸定律》。这篇论文对卡诺的热理论做了全面分析，并指出，关于热的理论除了能量守恒定律，还可以增加一条定律，那就是热不能自发地从较冷的物体流向较热的物体，这就是我提出的热力学第二定律。当时，我提出的这个说法并没有引起学术界的多少关注。

　　"到了 1851 年 3 月，开尔文勋爵发表了一篇论文，严格地证明了一个原理——不可能从单一的热源吸取热量，使之完全变成有用功，而不产生其他影响。这时，人们才回过头来重新审视我在 1850 年的说法，发现开尔文的表述侧重于能量变化，而我的表述侧重于能量转移，两种表述本质上是等价的。之后，人们就把这两种表述作为热力学第二定律的标准说法。

　　"这个定律揭示了自然界中的一个极为普遍的不可逆现象。这类例子比比皆是，比如，在水平的桌面上推动一个木块，它滑动一段距离后就会停下来，再也不可能沿相反的方向回到它的初始状态了；桌上的一杯热水慢慢地变凉了，再也不可能自发地又热起来；推动一个秋千，它慢慢就会停下来，如果没有外界的作用（如人推、风吹等），它就再也不可能摆动起来；一个人老了，也不能再回到其年轻的时候了，如此；等等。热力学第二定律揭示了宇宙间到处都在发生的不可逆事件的原因所在，这一定律虽然应用在热力学中，但事实上它是一种普遍存在的自然现象。现在来看，这一定律的提出，使自然科学又进入了一个新的阶段。

"我还在 1857 年做了些分子运动论方面的研究工作，发表了名为《论我们称之为热的那些运动》的论文。在此文中，我清楚地说明，在一个由大量分子构成的热力学系统中，考察单个分子的运动既不可能也毫无意义，系统的宏观性质不是取决于一个或几个分子的运动，而是取决于大量分子运动的平均值。因此，我以气体的行为是运动分子集合体的表现，提出了统计平均的概念，这也是在物理学中首次明确提出了统计概念。

"我从建立一个理想气体分子运动的模型开始，认为这些分子有质量、无体积。气体中分子是以相同大小的速率沿各个方向做随机运动，并不与其他分子发生碰撞，只与器壁发生碰撞，在与器壁碰撞之前，分子是做匀速直线运动的。

"当气体分子与器壁碰撞时，利用牛顿的理论进行分析，由于分子撞壁时动量的方向发生了改变，产生了压强，由此导出了理想气体的压强公式，还导出了理想气体变化的其他规律。

"我还断言，气体、液体、固体三种聚集态中的分子都是运动的，只是运动的方式有所差异而已。我通过上述模型，首次计算出氧气、氮气和氢气的分子在冰点时的速率可达每秒数百米，这一数据远远超出了我的预料。这一结果公布后，当时许多人都不能接受，因为在现实生活中，能观察到的气体扩散，比如，烟雾弥漫的情形，其过程是相对缓慢的，由此推测分子运动的速度不可能有那么快。

"如何才能解释这种现象呢？通过深入思考后，我考虑之前把分子看作数学上的几何点的模型是不确切的，要对它进行修正。到了1858年，我发表了一篇名为《关于气体分子平均自由程》的论文，解释了这种现象。

"我不再主张把分子当作数学上的几何点，而是当成有一定体积，能与其他分子发生碰撞的个体，如果分子的密度较大，则相互之间发生碰撞会更为频繁。我根据这种假设，引入单位时间内所发生的碰撞次数和气体分子的平均自由程等概念。所谓平均自由程，就是一个分子在连续两次碰撞之后可能通过的各段直线长度的平均值。通过计算，我得出结论——尽管单个分子运动的速度很快，但由于分子间频繁的相互碰撞，使得分子运动的轨迹变得十分曲折，就整个分子的集合体而言，整体前行的速度就会相对缓慢，远远小于单个分子的运动速度，这就找到了气体扩散缓慢的原因。"

接着，P学生又问了一个问题，他说："尊敬的克劳修斯教授，感谢你对上述问题的清晰讲述。你提出的'热寂'说给后世留下了深刻的印象，能否请你谈一谈这方面的情况？"

"好的。"克劳修斯兴致勃勃地接着说："事情还得从1854年说起。那时，我做了一些研究，写了一篇名为《力学的热理论的第二定律的另一形式》的论文，在此文中，我引进了一个重要概念'熵'，并利用这个概念，较为简洁地表述了热力学第二定律。

"两年前，我记得是 1865 年 4 月 24 日，在苏黎世自然科学家联合会上，我做了题为《关于热动力理论主要方程各种应用的方便形式》的演讲，该文同年发表在德国期刊《物理和化学年鉴》上。利用'熵'这个概念，我证明了在任何孤立系统中，系统的'熵'永远不会减少，或者说自然界的自发过程总是朝着熵增加的方向进行，即'熵增原理'。

"我扩展了这样的想法，如果把宇宙看作一个孤立的系统，能量总和是恒定的，其熵也总是在增大，总是力图达到某个最大值，当宇宙的熵达到最大值时，宇宙也就失去了继续变化的动力，宇宙将处于某种惰性的死寂状态，生命也就不复存在，宇宙最终会在热平衡中达到寂静与死亡，这就是我提出的宇宙热寂说。"

没想到约定的采访时间这么快就到了，在掌声中，我们结束了这次采访。

我们与克劳修斯教授握手告别后，登上了 F 机。

登机后，W 教授对这次采访做了总结。他说："克劳修斯从年轻时候起，就选定了以热力学理论作为研究的目标。有了这个目标，他勤奋学习，用了近十年的时间在学校埋头苦读，并有了深厚的积累。从 28 岁起，他不断地发表论文。在热力学方面提出了热力学第二定律和熵的概念，熵及其表达式为以后统计物理与量子论的产生起了重要作用。在分子运动论方面，他与麦克斯韦、玻耳兹曼一起被后世称作此领域的奠基人。"

W 教授又说："他提出的热寂说引起了学术界的长期争论，这一规律能否推广到宇宙中呢？这是谁都说不清楚的事情。

"最后，我还得说一下克劳修斯一生获得的荣誉。他于 1868 年当选英国皇家学会会长，于 1879 年获得科普利奖章，于 1865 年当选法国科学院院士。

"克劳修斯于 1888 年 8 月 24 日在波恩离世，享年 66 岁。美国著名物理学家 J.W.吉布斯对克劳修斯的贡献给予了极高的评价——他的研究已经超出了科学的范畴，深刻影响着人们的思想，并将永存于历史。

"人们为了纪念他，还将月球上的某个环形山，命名为克劳修斯环形山。"

颜色的熵

采访对象：开尔文
采访时间：1901 年　春季
采访地点：格拉斯哥大学

采访的对象确定后，我们就向苏格兰的最大城市格拉斯哥出发了。向过去飞行的时间是 20 世纪初的第一个早春。

我们三人登上 F 机，设定了飞行的目标，起飞。

在 F 机上，H 学生关于这次采访做了些简单的介绍。他说："我先介绍一下格拉斯哥大学，它是世界百强名校，始建于 1451 年，也是世界上最古老的大学之一，位于英国苏格兰地区的格拉斯哥市，是一所古典的综合研究性大学。这所大学与人类文明的发展紧密相连，该校有多名研究人员与学生获得了诺贝尔奖，为社会发展与科技进步做出了卓越的贡献。

"我们今天采访的对象在该校工作了半个多世纪，蒸汽机的发明者 J. 瓦特（James Watt 1736—1819 英国发明家、机械师）就是在这所大学里开始了蒸汽机的研究与改进，为人类的第一次工业革命做出了贡献。"

H 学生接着说："我来说一下今天的采访对象。他原名是 W. 汤姆逊。他最有名的工作是研究并成功铺设了大西洋海底电缆，让越洋有线电报通信成为现实。1866 年，英国政府封他为开尔文男爵。1892 年，由于电缆工程和电报技术方面的卓越成就，维多利亚女皇亲自加冕他为第一代开尔文勋爵。他也成为第一位进入英国上议院的自然科学家。从此，人们开始以他的爵位称呼他为开尔文勋爵。久而久之，开尔文的名气就超过了他原来的名字，原来的名字反而被越来越多的人遗忘了。开尔文取自他工作和生活的格拉斯哥（Glasgow）开尔文河（Kelvin River）的名字。

格拉斯哥大学与开尔文河

开尔文

"1824 年 6 月 26 日，开尔文生于爱尔兰贝尔法斯特，比焦耳小 6 岁，都是 19 世纪的伟大科学家。1832 年，开尔文的父亲应聘到格拉斯哥大学担任数学教授，全家随之迁居苏格兰。父亲对教育有自己独特的见解，经常带着他的孩子们在郊外散步，一路上提出许多有趣的问题来问他们，培养他们思考和表述的能力。每当此时，开尔文与哥哥总会踊跃地发表自己的看法。父亲听了他们的看法会很高兴，并耐心地给他们的看法做分析和评述。因此他与哥哥从小就积累了大量的基础知识，也具备了一定的思考能力。

"由于母亲的离世，没有人照顾他们，父亲总是将他与哥哥带在身边，上课时就让他们坐在教室后面旁听。当这两个可爱的孩子刚开始出现在教室里时，其他人都以为他们是来玩的，后来发现，他们不仅能听懂所讲的内容，而且还在认真地做笔记。

　　"因为他们的知识面广，聪慧好学，基础扎实，1834 年，10 岁的开尔文就进入了格拉斯哥大学预科班学习，成为格拉斯哥大学最年轻的大学生。1841 年，17 岁的开尔文转学到了剑桥大学，在接下来的三年里，他在剑桥哲学学会会刊上发表了 3 篇关于热和电的数学分析论文。1845 年，开尔文以优等生的身份毕业于剑桥大学，也正是在这一年，他有幸结识了法拉第。法拉第把自己用来显示和解释光电关系的一块特制玻璃片送给了他作为礼物。隔年，也就是 1846 年，他带着二十多篇已发表的高水平论文，成为格拉斯哥大学的物理学教授，任职至 1899 年，在此工作长达 53 年。"

格拉斯哥大学

　　说着说着，就到了我们采访的目的地。我们下了 F 机，看到了美丽的格拉斯哥大学，高大宏伟的楼群，是哥特复兴式古典建筑。高耸入云的尖塔，修长美丽的束柱，充满了艺术气息的玻璃长窗，处处洋溢着浓厚的学术气氛，这是世界上最古老、最美丽的大学之一。

　　我们正在观赏院校的风光，开尔文迎了上来。

　　他年近 80，白发飘逸，行走略显跛状，有着一个漂亮高耸的鼻梁，凹陷深邃的大眼，宽大的额头，岁月的沧桑也掩饰不住他当年的才气和风华。

　　他热情地引领我们来到了他的办公室。大家入座后，采访就开始了。

　　P 学生首先发言，他说："尊敬的开尔文勋爵，能当面聆听你的教诲，我们感到非常幸运，想请你谈谈你在物理学上做的重要工作。"

　　开尔文说："好的，我先谈一谈关于热力学温标的事。

　　"20 岁时，一个偶然的机会，我读到了克拉珀龙写的《论热的动力》，此文在对卡诺定理进行了深入的分析后提出了自己的看法。正是因为读到了这篇论文，使我对卡诺及他的理论有了深刻的印象。特别引起我注意的是文中阐述热机效率时提到的'温度'。这里的温度不同于之前定义的温度，而是由某个具体物质的体积随温度变化而制定的温度，并且这里提出的温度与任何热机中的工作物质无关。因此，这样定出的温标会比之前建立的温标有普遍、绝对的意义。

　　"过了 4 年，我写了一篇论文，论文报告了我第一次发现的温度下限，也就是基于卡诺理论来定义的一种温标。因为它的特性与任何一种物质的物理性质完全无关，因此可以称作绝对温标。它与摄氏温标的关系是：

$$T（绝对温标）=273.3+t（摄氏温标）$$

此温标的建立对热力学的发展显然是有意义的，因此很快就被科学界接受了，到了 1887 年，这个绝对温标得到国际的公认，即后来人们所说的开尔文温标。"

P 学生接着提出了一个问题，他说："我们都知道，你是热力学第二定律提出者之一，能否再请你介绍一下这方面的情况？"

"好的。"开尔文继续了他的发言，他说："1850 年，比我大 2 岁的德国物理学家克劳修斯在《物理学与化学年鉴》上率先发表了《论热的动力及由此推出关于热本性的定律》一文，此文对卡诺定理做了详尽的分析，对热功之间的转换关系有着明确的表述，得到热力学第二定律的表述——不可能把热量从低温物体传向高温物体而不产生其他影响。

"过了一年，到了 1851 年，我对蒸汽机进行了深入分析，看到了散热器的重要作用，它是热机中无论如何都不可缺少的部件。与此同时，我连续在《爱丁堡皇家学会会刊》上发表了三篇论文，提出不可能存在一台只有单一热源而对外做功的热机的观点。由此提出热力学第二定律的表述——不可能从单一热源吸收热量，使之完全变为有用的功，而不产生其他影响。很快，我就发现，克劳修斯与我的说法实际上是等价的。

"关于热力学第二定律，我还想说明一点，我并不是想争夺发现这个定律的优先权，因为首先发表这个正确原理的人是克劳修

斯，他在去年 5 月，就宣布并且证明了这个原理。我想说明的一点是，恰好在我知道克劳修斯宣布并证明了这个命题之前，我也给出了证明。"

P 学生又说："我们知道除了热力学，你在物理学的其他领域也有许多建树，希望能听到你的介绍。"

开尔文接着说："我按时间顺序大致说一下这方面的情况：1848 年，在研究静电场时，为计算一定形状导体的电荷分布所产生的静电场，我发明了'电像法'。1852 年，我与焦耳合作，研究了气体通过多孔塞膨胀后温度改变的现象，此项研究成果后来成为制造液态空气的重要依据，即'开尔文 - 焦耳效应'。1875 年，我预言城市将会采用电力照明。我于 1879 年又提出了远距离输电的可能性，1881 年我又对电动机进行了改造，提高了电动机的实用价值。"

P 学生接着问道："听说你在格拉斯哥大学工作的五十多年里，对学生的教学进行了改革，能否简单介绍一下关于你的教育理念？"

开尔文说："好的，也许是受我父亲的影响，我的教育理念是激励学生把脑与手结合起来。在长年的教学中，我也逐步形成了自己独特的教学方式。我喜欢把教学、科研、工程应用这三者结合在一起。我的课从来不是读课文，而是设计了各种小的实验，以此来传授要讲的知识。我当校长后，在格拉斯哥大学组建了第一个让学生使用的课外实验室。在这个实验室里有各种各样的仪器，鼓励学生自己动手去探索知识的奥秘和培养学生的实际操作能力。这样的教育方法无论是对学生还是社会都是非常有益的。"

P 学生又问道："你在世纪之交的一次演讲中，提出了两朵乌云，这两朵乌云不但没有转化为两场黑雨，反而拱出了两个艳阳，前者引出了相对论，后者催生了量子力学。我们很想了解一下那次演讲的情况。"

开尔文洋溢着笑容，说道："我清楚地记得那个日子，去年的 4 月 27 日，也算是一个特别的日子。在英国伦敦市阿尔伯马尔街的一个会议大厅里，欧洲的著名科学家们齐聚一堂，举行一场世

开尔文勋爵在讲课

纪之交的物理学报告会。应大会之邀，我发表开幕祝贺词。

"在雷鸣般的掌声中，我走上了讲台，发表了题目为《在热和光动力理论上空的 19 世纪乌云》的祝贺词。我首先回顾了物理学取得的伟大成就，说物理学的大厦已经落成，所剩的只是一些内部修缮与装饰。

"后来，我在展望 20 世纪物理学前景时，提到了两朵乌云。这两朵乌云的形成来源于当时经典物理学无法解释的两个实验：以太漂移实验和热辐射实验。第一个实验是 1887 年迈克尔逊和莫雷用干涉仪测量互相垂直的两束光时，发现光速在不同惯性系和不同方向上都是相同的。他们得出了'以太漂移速度为零'的结论，由此否认了绝对静止参照系和以太的存在。第二个实验是黑体辐射的结果与维恩和瑞利提出的理论不符。这两个实验结果与当时经典物理学中相关的理论和公式都不符合。我真没有想到，这两朵小小的乌云，会酿成物理世界的强大风暴，以至于出现了两个新理论，迎来了物理学的一个新时代。"

约定的采访时间很快就到了，与开尔文先生告别后，我们回到了 F 机。

W 教授为这次采访又谈了些感慨，他说："1907 年 12 月 17 日，开尔文在苏格兰内瑟霍尔逝世，享年 83 岁。他的离世几乎得到了全世界科学家的哀悼，他的遗体被安葬在伦敦西敏寺教堂牛顿墓的旁边。为了纪念开尔文，他的头像被印在 Clydesdale 银行 1971 年发行的 20 英磅钞票上，后来又被印在 2015 年发行的 100 英磅钞票上。

"他的一生是非常成功的，今天教科书里的绝对零度、开尔文 - 焦耳效应、开尔文电桥、热电效应、磁阻效应、动能等概念，虹吸记录仪、开尔文 - 沃格特模型、潮汐预测机、开尔文滴水起电机、开尔文波、开尔文变换、开尔文函数、开尔文 - 亥姆霍兹不稳定性、开尔文 - 亥姆霍兹机制、开尔文环流定理、开尔文 - 斯托克斯定理、开尔文方程等，依然是莘莘学子探索世界的一把钥匙。

"1887 年，开尔文提出了一个似乎是很初等的空间填充几何问题：如果我们试图将三维空间剖分为许多个完全一样并具有指定体积的胞体，使得两两相邻胞体之间没有空隙并且彼此之间的接触总面积为最小，那么这些胞体应该是什么形状的呢？在二维平面上，美国数学家 T. 黑尔斯（Thomas Hales）给出了证明，其结论是像蜜蜂窝那样的正六边形模块。

"1993 年，爱尔兰物理学家 D. 韦尔（Denis Weaire）和他的学生 R. 弗兰（Robert Phelan）构造了一种更复杂的新胞体，其结构对称性远不如开尔文提出的胞体，但相邻接触面积却减少了 0.3%。2008 年北京奥林匹克运动会中国国家游泳中心的设计就采用了这种 Weaire-Phelan 多面体泡沫图案。之后，尽管数学家一直在努力改进方案，但至今依然没有人知道最优解是什么样的胞体或泡沫。

"我们可以猜测，如果开尔文沉睡五百年后醒来，他的第一句话可能会问，'我的问题解决了没有？'

"开尔文堪称世界上最伟大的科学家之一，他终生不懈地为科学事业奋斗的精神，永远被后人敬仰。正如他所说：'如果你吹一

中国国家游泳中心夜景

个肥皂泡然后进行观察，那么你可以对它进行一生的研究并且能够从中得到一个又一个的物理定律。'

　　"好奇心、质疑和创新永远是理解这个世界所应有的驱动力。"

反侵权盗版声明

电子工业出版社依法对本作品享有专有出版权。任何未经权利人书面许可，复制、销售或通过信息网络传播本作品的行为；歪曲、篡改、剽窃本作品的行为，均违反《中华人民共和国著作权法》，其行为人应承担相应的民事责任和行政责任，构成犯罪的，将被依法追究刑事责任。

为了维护市场秩序，保护权利人的合法权益，我社将依法查处和打击侵权盗版的单位和个人。欢迎社会各界人士积极举报侵权盗版行为，本社将奖励举报有功人员，并保证举报人的信息不被泄露。

举报电话：（010）88254396；（010）88258888

传　　真：（010）88254397

E-mail：dbqq@phei.com.cn

通信地址：北京市万寿路 173 信箱

电子工业出版社总编办公室

邮　　编：100036